上海科普
Shanghai Science
Popularization

项目资助：上海市科学技术委员会（项目编号：23DZ2302300）

餐桌上的食疗本草（叶菜）
——叶菜的食药用价值、
营养功能成分及食购贮攻略

◎ 顾可飞　主编

U0349145

中国农业科学技术出版社

图书在版编目（CIP）数据

餐桌上的食疗本草：叶菜：叶菜的食药用价值、营养功能成分及食购贮攻略 / 顾可飞主编. --北京：中国农业科学技术出版社，2024.6

ISBN 978-7-5116-6826-4

Ⅰ.①餐… Ⅱ.①顾… Ⅲ.①绿叶蔬菜－蔬菜园艺②绿叶蔬菜－食物疗法 Ⅳ.①S636②R247.1

中国国家版本馆CIP数据核字（2024）第 099459 号

责任编辑	王惟萍
责任校对	王 彦
责任印制	姜义伟　王思文

出 版 者	中国农业科学技术出版社
	北京市中关村南大街 12 号　　邮编：100081
电　　话	（010）82106643（编辑室）　　（010）82106624（发行部）
	（010）82109709（读者服务部）
网　　址	https://castp.caas.cn
经 销 者	各地新华书店
印 刷 者	北京捷迅佳彩印刷有限公司
开　　本	148 mm × 210 mm　1/32
印　　张	4
字　　数	101 千字
版　　次	2024 年 6 月第 1 版　　2024 年 6 月第 1 次印刷
定　　价	53.80 元

前　言

　　农产品质量安全与人民群众的身心健康息息相关。随着科技的发展和人们生活水平的提高，国民对食用农产品营养、质量安全、保健食品以及药食同源的科技知识需求越来越高。本书的出发点是追踪食用农产品最新科技发展动态，普及食用农产品科技知识，提高公众对食用农产品科学的认知水平，保障公众在吃饱之后的今天，走出"吃不好"的困境。

　　《餐桌上的食疗本草（叶菜）——叶菜的食药用价值、营养功能成分及食购贮攻略》是为了帮助公众掌握最贴近生活的食用农产品营养与质量安全方面的必要知识而编写的图书。本书从日常普遍消费的食用叶菜类农产品的植物学史、历史文化、中医学理论、主要营养功能成分、分类、品种类型、食用注意事项、选购技巧及家庭贮藏等方面，结合古今中外以及最新科学研究成果，进行了较为详细地介绍。本书在编撰过程中，参阅了《本草纲目》《食疗本草》《千金要方》《神农本草经》等诸多古中医药典籍，以及《中药大辞典》和大量现代相关科研成果等文献资料，包括现代中医药、现代药食同源、现代科技新发现（如新发现的营养功能成分）、新成果（如农产品新品种）和新技术（如保鲜技术）等科技文献。同时编撰过程中也参考了同行专家、网络上相关专家学者的科学技术研究、科学普及成果，在此一并表示衷心感谢！

本书有关植物学名称、分类及植物性状参考《中国植物志》；对于各章节所引用的古今中医药典籍，因古中医药典籍繁多，收录繁杂，许多原本遗失或原文不可考，该方面内容有原文可考者引用原文，不可考者以《中药大辞典》（南京中医药大学编，第二版）为准。本书在内容上力求科学实用、通俗易懂，对公众正确认知食用农产品营养与质量安全具有一定的引导意义，同时也适于从事食用农产品相关领域的科技工作者参考借鉴。

本书的出版得到了上海市科学技术委员会2023年科普专项"从农田到餐桌"农产品质量安全科普系列活动项目（项目编号：23DZ2302300）的资金资助。

在本书的撰写过程中得到了上海市科学技术协会、上海市农村专业技术协会、上海市农业科学院农产品质量标准与检测技术研究所、北京工商大学等单位多位专家的专业性指导。

由于篇幅有限，本书尚有许多未涉及之处。同时受时间所限，难免有疏漏之处，敬请广大读者批评指正。

编　者
2024年3月

目 录

普通叶菜篇

餐桌上的食疗本草（叶菜）
——叶菜的食药用价值、营养功能成分及食购贮攻略

餐桌上的食疗本草（叶菜）
　　——叶菜的食药用价值、营养功能成分及食购贮攻略

生 菜

（菊科莴苣属植物）

减肥好帮手

生菜，学名叶用莴苣（*Lactuca sativa* L.），菊科莴苣属，一年或二年生草本植物。俗称生菜，顾名思义，可以生吃的蔬菜。别名鹅仔菜、唛仔菜、莴仔菜，由野生种驯化而来。茎单生、直立、茎枝白色、基生叶、不分裂、倒披针形、椭圆形或椭圆状倒披针

生菜

形。原产地不详，相传原产于欧洲地中海沿岸，古希腊人、罗马人最早食用，但传入中国的历史较悠久。近年来，已进入寻常百姓餐桌。

【中医学理论】

味苦，性甘、凉，入小肠、胃经

广州话"生菜"与"生财"谐音，故有"迎春日，唛生菜、春饼，以迎生气"的习俗。即所谓"盈盈满筐"绿，"以取生（菜）机"。生菜以生食为主，作为西餐蔬菜沙拉的当家菜品，

以及中餐烧烤和火锅的主要菜品，备受消费者喜爱。《食疗本草》记载，生菜"利五脏，开胸膈壅气。通经脉，养筋骨，令人齿白净，聪明，少睡。解热毒酒毒，止渴利肠"。中医学认为，生菜利尿，通乳，清热解毒。《履巉岩本草》记载方剂，"治鱼脐疮，其白肿痛不可忍者，先以针刺疮上及四畔作孔，以白苣取汁滴入孔中，其痛即止"。

【主要营养功能性成分】

现代科学研究发现，生菜茎叶中含有莴苣素，故味微苦，有清热解毒、镇痛催眠、降低胆固醇、辅助治疗神经衰弱等功效。含甘露醇等有效成分，有利尿和促进血液循环、清肝利胆及养胃的功效。结球生菜，其纤维素和维生素C含量高于白菜，有消除多余脂肪的作用，故有减肥菜之美名，生食、常食可有利于女性保持苗条的身材。含干扰素诱导剂，可刺激人体正常细胞产生干扰素，诱导一种抗病毒蛋白的合成，抑制病毒（李哲等，2014）。含原儿茶酸，具有抗氧化功效。含维生素E、胡萝卜素等，可保护眼睛，缓解眼干涩与疲劳。此外，生菜中含有丰富的膳食纤维和矿质元素，如钙、磷、钾、钠、镁及少量的铜、铁、锌等营养成分。常吃生菜能改善胃肠血液循环，促进脂肪和蛋白质的消化吸收。

【分类及品种推荐】

生菜分为结球生菜、皱叶生菜和直立生菜3种类型。结球生菜根据叶片质地分为脆叶型结球生菜和绵叶型结球生菜。脆叶型结球生菜叶厚、球大且紧实，脆嫩，口味好，最受消费者欢迎，是目前栽植最多的品种。绵叶型结球生菜又称软叶型结球生菜，叶薄、球小，质地绵软，味道微苦。皱叶生菜又称散叶生菜，不结球，基生叶、簇生，长卵圆形，叶面皱缩、叶缘波状有缺刻。叶色有绿、黄绿、浅紫红、深紫等多种颜色。直立生菜又称长叶生菜，不结球，心叶圆筒状，叶直立狭长，叶全缘或有锯齿，叶厚质粗，味稍苦。

结球生菜　　　　　　皱叶生菜　　　　　　直立生菜

结球生菜——大湖659　1986年由美国引进的优良中熟生菜品种。叶片绿色脆嫩，外叶多有皱褶，叶缘缺刻，叶球大而紧实。品质好，是喜脆嫩口感消费者选择的品种之一。

皱叶生菜——罗莎生菜　罗莎生菜为皱叶生菜品种之一。因叶绿素和花青素含量的不同，可分为罗莎红（紫色）生菜和罗莎绿（绿色）生菜。罗莎生菜主要食用方法为生食，作为西餐蔬菜沙拉的当家菜，其茎叶中含有莴苣素，味微苦，具有镇痛催眠、降低胆固醇、辅助治疗神经衰弱等功效，含有甘露醇等成分，有利尿和促进血液循环的作用（郭振龙等，2017）。有科学研究报道，紫叶生菜的类黄酮含量以及抗氧化活性均高于红叶生菜和绿叶生菜，而红叶生菜的维生素C和维生素E含量较高。营养价值高低顺序：紫叶品种>红叶品种>绿叶品种（郭振龙等，2017；谢蒙胶等，2017）。但口感上，绿叶生菜好于紫叶生菜。

此外，罗莎生菜不易贮存（叶片易烂），容易沾染泥沙，价格偏贵。

皱叶生菜——红帆紫叶生菜　北京市特种蔬菜种苗公司于1978由美国引进。植株较大，散叶，叶片皱曲，色泽美观，可作观叶花卉盆栽，置于阳台上，既可观赏又可食用（翟广华，2009）。

散叶生菜——奶油生菜　叶面较平整，质松软，口感滑嫩且味道清香、微甜可口，外形美观，如玫瑰开放，兼具观赏价值和经济价值（陈艳丽等，2014；康小燕等，2021）。

【选购技巧】

生菜作为常见的蔬菜之一，与其他蔬菜不同的是，可以搭配三明治、汉堡和烤肉等生食，可降烦除腻，补充膳食纤维、水分、维生素以及其他矿质元素。当然，也可烹饪，味道同样鲜美。那么生菜怎么挑选呢？生菜的选购，新鲜和安全是最基本选项。首先是色，一般来说，生菜越新鲜，颜色也越鲜艳。不新鲜的生菜，因久放失水，叶片萎缩，外观差。一些商家和菜店会选择摘掉萎缩的叶片，喷洒清水，但很难保持菜色，菜色相对偏暗，口感不及鲜菜，叶片有发软现象，口感差且不耐贮。另外，如叶片有发黄，说明生菜比较老，口感也比较差。其次，生菜选择时，破损程度也需重点关注，以生食为主的生菜，叶片脆嫩容易破损，破损到一定程度不仅对口感影响很大，而且容易发生内部腐烂变质，特别是结球生菜，往往内部已腐烂，但外部很难发现。此外，生菜可能含有农药化肥残留，散叶生菜更易沾染泥沙，因此，生食前一定要浸泡，清洗干净。

※安全食用小贴士※

　　《食物本草》记载，"患冷人不宜食"。《食疗本草》记载，"有小冷气人食之，虽亦觉腹冷，终不损人"。《履巉岩本草》记载，"常食菜品，多食令人昏目，有云若要远顾，勿食莴苣"。《食疗本草》记载，"产后不可食之，可令人寒中，少腹痛"。民间常有生菜过敏的说法，并不准确。正常情况下生菜不会引发过敏，若食用生菜后导致过敏，可能为生菜上残留的农药、其他食物、尘螨等过敏原成分未清洗干净。因此，生菜生食需特别注意清洗干净。生菜炒煮也需注意，烹饪时间不可太长，否则脆嫩口感和营养成分都难以保留；也不宜过夜食用，因熟生菜过夜易产生亚硝酸盐（致癌化合物），不利于健康。

【家庭贮藏方法】

　　生菜是我国常见的绿叶菜之一，深受消费者喜爱。但生菜作为可生食绿叶菜之一，其贮藏时间短、易腐烂。散叶生菜相对结球生菜更不耐贮。近些年来，随着科技的发展，为了满足长距离运输，其保鲜技术开发势头良好，很大程度上满足了生产运输的需求。这些保鲜技术有气调低温贮藏、真空预冷压力以及其他新兴保鲜技术，如冷杀菌技术包括臭氧水、强脉冲光和纳米薄膜包装等逐步被应用到生菜贮藏加工中来延长产品贮藏期（袁园，2020）。但从"家门到厨房"，即家庭贮藏，这段"距离"的贮藏在日常生活中往往更受关注。

生菜的家庭贮藏有2种方式。一是冰箱保鲜，将生菜上的水分擦干或风干，以纸巾包裹后放入保鲜袋或直接放入保鲜袋，再放入冰箱中冷藏，定期检查，发现黄叶或腐烂及时处理。这种保藏方式，视品种和品质可存放3~7天，有时甚至可达2周。注意，不要将刚买回的生菜立即放入冰箱冷藏，应在常温放置一段时间，待菜的温度达到常温后再冷藏。更不宜贴冰箱壁贮藏，以防菜叶冻伤。二是保鲜袋保存，在天气较冷时，生菜风干表面水分后放入保鲜袋或保鲜盒（注意袋不要包装太紧和受压），直接放于阴凉处保存，依生菜品质可保存3~7天，甚至更久。

菠　菜

（苋科菠菜属植物）

营养模范生

菠菜（*Spinacia oleracea* L.），苋科菠菜属，一年生草本植物。又名波斯菜（因原产于波斯而得名）、赤根菜、鹦鹉菜等。根圆锥状，略带红色、少为白色。茎直立，中空，不分枝或少数分枝。叶戟形至卵形，鲜绿色，稍有光泽，全缘或有少数齿状裂片。据《海城县乡土志》记载，"菠薐菜，唐太宗时厄婆罗国所献，今呼菠菜"。又《续唐会要》记载，菠菜种子是唐太宗时作为贡品从尼泊尔传入中国的。现已在中国普遍栽培。据相关考证，伊朗菠菜的源头可追溯到2 000年前亚洲西部的波斯（今伊朗）。

菠菜

【中医学理论】

味甘，性平，入肝、胃、大小肠经

《食疗本草》记载，菠菜"利五脏，通肠胃热，解酒毒"。《中医药大辞典》记载，菠菜"解热毒，通血脉，利肠胃，主治目眩，目赤，夜盲症，消渴、便秘、痔疮"。中医学认为，菠菜带根全草甘、凉，可滋阴平肝，止咳，润肠。果实微辛、甜，微温，可祛风明目，开通关窍，利胃肠。《本草求真》记载，"菠薐，能利肠胃，益因滑则通窍，菠薐质滑而利，凡人久病大便不通及痔漏闭塞之人，宜咸用之。又言能解热毒，酒毒，盖因寒则疗热，菠薐气味既冷，凡因痈肿毒发，并因酒湿成毒者，须宜用此以服"。《台湾药用植物志》记载，菠菜子"为缓泻剂及清凉剂，治呼吸困难，肝胆发炎及黄疸病"。附方：治消渴引饮，日至一石者，可以菠薐根、鸡内金等分，为末，米饮服，日三（《本草纲目》引《经验方》）。

【主要营养功能性成分】

俗语讲"菠菜豆腐虽贱，山珍海味不换"。菠菜有"营养模范生"的美称，是营养比较全面的蔬菜之一，富含膳食纤维，具有低脂、低热量的特点。含有人体所需的18种氨基酸。矿物质营养丰富，包括钙、磷、钠、镁、钾、铁、锌、硒、锰。含多种维生素，包括类胡萝卜素、视黄醇、维生素C、维生素K、维生素E、烟酸、维生素B_2和维生素B_6等（林蒲田，2011；赵清岩等，1994；王杰等，2007）。Ω-3脂肪酸和Ω-6脂肪酸含量比例适合人体需求，并有抗炎抗过敏作用。含有丰富的生物活性物质，如类黄酮、芸香苷、菠菜素、胆甾醇，具有降脂、降糖、抗氧化、抗癌等作用（冯国军等，2018）。菠菜是高钾低钠蔬菜，对控制血压有利。但菠菜中含有抗营养物质——草酸，如果烹饪不当，可能降低一些矿质元素的营养价值。

关于菠菜中的铁，流传有一个民间故事。早在1870年，德国化学家Wolf指出菠菜铁含量极高，被写入百科全书。美国漫画家Segar借此于1929年创造了《大力水手》动画片，带动菠菜销量暴涨33%。有趣的是，2019年，德国柏林自由大学的研究为《大力水手》提供了科学依据。研究人员发现，菠菜中一种蜕皮甾酮提取物可以提高运动表现。但菠菜所含铁以非血红蛋白的形式存在，严重受草酸、植酸、膳食纤维、多酚类物质的影响，其吸收利用率仅为1.3%，所以不可盲目相信单独多吃菠菜即可满足人体对铁的需求（Kawazu et al.，2003；陈蔚辉等，2011）。

【分类及品种推荐】

菠菜的分类主要以种子、叶片形态及分子标记为依据。根据种子是否带刺将菠菜分为有刺类型（尖粒）和无刺类型（圆粒）（蔡晓锋等，2019）。根据叶片边缘缺刻将菠菜分为尖叶菠菜和圆叶菠菜。尖叶菠菜叶子较尖，耐寒性较强，但不耐高温，此类菠菜为北京地区主栽品种。圆叶菠菜叶片比较宽大，呈椭圆形，耐热性较强，但不耐霜冻，霜打易萎蔫。通常，圆叶菠菜的矿质元素含量稍高，有刺类型粗纤维含量较高。有研究报道，从日本引进的品种普遍营养品质稍好，从欧洲、日本引进的越夏菠菜品种普遍涩味较重。从营养价值角度来看，一般圆叶菠菜营养价值略高于尖叶菠菜，但口感较差，究其原因，可能是圆叶菠菜草酸等呈涩物质含量较高。

尖叶菠菜　　　　　　　　　　圆叶菠菜

黑龙江双城冻根菠菜　黑龙江省著名地方品种。叶片大、戟形，基部有深裂缺刻，中脉和叶柄呈淡紫色。根红色，种子三角形，尖端有刺。抗寒力强，越冬时不易受冻害。

大圆叶品种菠菜　美国引进品种。无刺，叶片大、呈三角形，叶色浓绿，质地甜嫩，但抗霜性较差，尤其是在下霜的季节，因此，该品种的菠菜一般选在春季进行播种比较合适。

华菠2号　华中农业大学园艺学院育成的圆叶菠菜一代杂交品种。植株较直立，叶长、椭圆形，基部一裂，叶色较浓绿，味甜。

佳美菠菜　美国引进品种。叶片三角形、厚重、尖部圆润、边缘浅刻，叶绿、平滑、光泽度好。用于加工和鲜食，是北方春播的极佳品种。

西凉大圆菠　甘肃省地方品种。叶片圆厚，叶色浓绿，质柔嫩，无涩味，品味佳。具有耐热、耐寒的特点。

广东圆叶菠菜　广东省农家品种，属无刺变种。叶长椭圆形至卵圆形，先端稍尖，基部有浅缺刻。叶片宽大肥厚，深绿色。耐热不耐寒，适于夏秋栽培，品质好。江苏、浙江、湖南、湖北等省均有栽培。

贵宾菠菜　韩国引进品种。植株半直立，圆叶，叶片稍厚，浓绿色，质地柔嫩，商品性好。耐热性强，不易抽薹，抗黄萎病和霜霉病。

胜先锋菠菜　荷兰引进品种。株形直立，尖圆叶，叶面光滑，亮绿色。叶片宽大，适宜捆扎。适应性强，抗抽薹能力强，特别抗热，商品性极好，非常适合作加工品种。

【选购技巧】

新鲜的菠菜，叶片呈鲜嫩的深绿色且完整，茎根直挺、饱满、无凹陷、无折痕、无损伤，根部呈紫红色（特殊品种除外）。菠菜贮存久了，根部呈暗紫或黑色，此时菠菜已不新鲜。购买时，注意选择叶片干爽，色泽鲜嫩，茎秆直挺饱满、无损伤的菠菜。菠菜不易贮存，特别是叶片容易萎蔫、腐烂，很多菜场和菜摊淋水的菠菜多不新鲜，淋水是售卖方吸引顾客或降低损失的手段，这种菠菜虽然食用安全，但品味比较差且更容易腐烂，适合即食即购。菠菜挑选时要注意，叶片如有黄色斑点或小孔时不宜选购，这类菠菜多在生长过程中受虫啃食或生病，口味较差。喜欢酥脆口感的，可以选择粗梗菠菜。如果想吃嫩的菠菜，建议选择细梗的菠菜。此外，注意抽薹开花的菠菜口感老，营养和品味均较差。

※安全食用小贴士※

菠菜虽有"蔬菜之王"之称，但其性甘、凉，不可多食。《食疗本草》记载，"不可多食，冷大小肠。久食令人脚弱不能行。发腰痛，不与鳝鱼同食，发霍乱吐泻"。《本草省常》记载，"多食令人作泻"。因此体质寒凉的孕妇以及脾虚、腹泻者食用，可能会导致病情加重。菠菜含有大量丰富的膳食纤维以及草酸类物质，各类结石的病人慎食，例如，尿结石、胆结石以及肾结石的患者。缺钙补钙人群，如老人、婴幼儿以及骨质疏松人群，在补钙时，食用菠菜可降低钙吸收，并可能引起腹泻，已有腹泻可加重病情。菠菜属高嘌呤的食物，血尿酸高的患者不宜食用。此外，食用菠菜时，先以开水焯，去除大部分草酸，减少涩感。民间有说法，菠菜不能与豆腐类一起食用，科学上讲是可以一起食用的。至于人们所担心的菠菜草酸与豆腐中钙反应形成结石则无须过分担心。事实上，此类反应发生概率非常低，更难在人体内形成结石或导致钙的吸收减少。或许在菠菜与豆制品一起烹制时可能降低钙元素利用率（有待研究证实）。另有传言，一些墨绿色的菠菜是由于施肥过量。事实上，确有为提高冬季菠菜的抗冻性而增补肥料的种植措施，但这并不影响其食用安全性。

【家庭贮藏方法】

菠菜抗冻，但却极易腐烂，尤以叶片为甚。家庭短期贮藏以冷藏为主，长贮可选择冷冻方式。冷藏保存：将叶片干爽的菠菜，除老黄、腐烂叶片及病虫后，以纸巾包裹入袋（注意不可太紧），置冰箱冷藏室，视品质可保存4～7天。冷冻保存：如特殊性情况下需更长时间的保存，可低温冷冻。具体方法：将菠菜清洗、切段后，用盐水稍微汆烫，再按家庭一顿食量分包密封，进行冷冻贮藏。需注意，冷冻菠菜食用方便，可做成烘蛋、煮汤、煮粥等料理，但不可在烹饪前解冻。此外，农村家庭还可选择以下2种长贮方法：即将菠菜去除老黄、腐烂叶片及病虫，以每500 g左右扎成捆置放于潮湿阴凉处（根朝下），若放菜窖则应在窖口下通风透气处。或者挖一条长1～2 m、宽0.2～0.4 m、深0.3 m的沟，将菠菜捆根部朝下竖放于沟中，以稻草或塑料薄膜覆盖。

油麦菜 （菊科莴苣属植物）

菜中凤尾，草中之王

油麦菜，莴苣（*Lactuca sativa* L.）种，菊科莴苣属叶用莴苣品种之一，一年生草本植物（张鹏等，2023）。别名油荬、莜麦菜、苦菜、香水生菜。

须根系，茎系不发达、常短缩、有白色乳汁，茎上叶旋状排列、紧密，味微苦或无，大叶片、叶脉呈龙骨状或形成开心漏斗状，绿或绿白色，叶根到叶尾成剑状，直立或半立。原产地或何时传入中国不详。

油麦菜

【中医学理论】

味微苦，性甘、凉寒，入肝、胆、胃、心、肾经

"亭亭油麦赛野草，落地生根两旬成，性淡心暖解暑愁，肝胆相照少生嫌。"油麦菜落地生根，极易存活，2周即能成熟，号称"草中之王"。据《神农本草经》对莴苣（油麦菜为叶用莴苣变种）的记载，油麦菜具有清热、凉血和解毒的功效。其味微苦，归于肝、胆、胃、心、肾经，具有促进血液循环、镇静安眠、促进消化、下火清热、除烦解渴、利尿消肿之效，尤其适合春夏两季食用。对上火、口腔溃疡有一定的改善作用。但是需要注意的是，对脾胃虚寒的人群来说，多食可能会引起腹痛、腹泻的症状。

【主要营养功能性成分】

油麦菜除含叶绿素、可溶性蛋白、可溶性糖等营养功能性成分（王廷芹等，2023）外，还富含膳食纤维，具有润肠通便，减肥瘦身的功效；富含维生素C和叶酸，能刺激人体的造血机能，促进血中胆固醇转化，降低血脂，保护心血管（佚名，2007；高凯等，2010）。油麦菜钙、铁含量较高，有利于补钙、补铁和强健牙齿。油麦菜茎叶中含有莴苣素，具有降低胆固醇、镇痛、安神、催眠等功效，有利于缓解神经紧张、调节神经衰弱、改善睡眠等（史丽萍等，2019）。油麦菜含有甘露醇等功效成分，有利尿和促进血液循环的功效（史丽萍等，2019）。油麦菜中还含有大量维生素和其他微量元素，是生食蔬菜的上品，有"凤尾"之称（肖子曾，2017）。

【分类及品种推荐】

板叶香油麦　板叶品种。株型直立，叶色翠绿，叶片特别是中肋部位口感脆嫩微甜。冬季保护地栽培时，口感尤为脆甜。夏秋两季栽培时，具香米味类清香，熟食苦味适中（陈世田，2006）。

红麦菜　红麦菜是油麦菜与紫甘蓝等有色蔬菜杂交而来的新品种。在营养价值上，特别是花青素的含量，可以把普通油麦菜"甩出好几条街"。花青素可有效清除人体内自由基，具抗氧化、抗衰老的功效。

孔雀菜　圆叶油麦菜品种。叶片尾部呈卵圆形，形似孔雀羽毛，口感脆嫩，较耐运输和贮藏。

【选购技巧】

优质新鲜的油麦菜根部青白色，叶翠绿色或墨绿色，如发现根部青黄色，或叶青黄色、黄白色，说明已不新鲜。品质好的油麦菜叶子挺而平，有一定的硬度，如叶子瘫软打蔫表明存放时间较长。此外，要注意根部的长度，根部如过短，可能是商家切除腐烂部分的劣质油麦菜。油麦菜种植过程中，如遇高温高湿的环境易感霜霉病、褐斑病以及蚜虫等，生产上一般会使用杀菌剂和杀虫剂进行控制。因此，购买油麦菜要选择正规商家，食用前以清水浸泡30分钟，并清洗干净。选择生食时，特别注意用淡盐水浸泡后清洗干净。

※安全食用小贴士※

油麦菜属叶用莴苣的变种——长叶莴苣，与人们熟悉的生菜相近，又名牛俐生菜。油麦菜富含维生素C、叶酸、矿质元素，其营养成分较普通生菜略高。油麦菜生熟皆可食用，是生食蔬菜中的上品。新鲜的油麦菜色泽淡绿，长势强健，质地脆嫩，口感极为鲜嫩、清香。但其本身性寒，体质寒凉、尿频、胃寒，或患有胃炎、泌尿系统疾病的人群宜少食或慎食！中老年人注意不可过量食用。此外，偏凉食品不利于生理期女性食用，易引发或加重痛经症状。

【家庭贮藏方法】

适合家庭的贮藏方式有2种，常温贮藏和冰箱冷藏。油麦菜常温贮藏时间很短，仅2～3天，购买后，应尽快食用。如需短时间贮存，选择品质好、含水量适宜、无机械性损伤的油麦菜。油麦菜多以冰箱冷藏为主。具体贮藏方法为摘除黄叶或损伤叶片，清理干净泥土，用纸包好，放入到冰箱中冷藏，期间避免挤压和冻伤。此种方法可保鲜3～7天。另外，贮存时需远离苹果、梨、香蕉，这些水果普遍含或售卖时使用乙烯类物质催熟，油麦菜对乙烯较为敏感，可能诱发油麦菜叶片生成赤褐色斑点。

茼　蒿 （菊科茼蒿属植物）

绿色的金子

茼蒿（*Glebionis coronaria*），菊科茼蒿属，一年生或二年生草本植物。又称同蒿、蓬蒿。全株光滑、无毛或几近无毛，不分枝或中上部分枝，叶互生、长形羽状分裂，中下部茎叶长椭圆形或长椭圆状倒卵形、无柄、二回羽状分裂，花黄色或白色、似野菊花。在中国古代，因茼蒿传入皇宫，故又称"皇帝菜"。民间典故中，也有"杜甫菜""菊花菜"之称。茼蒿原产于地中海，在中国唐朝以前已普遍种植，至今已有1 000多年的栽培历史。

茼蒿

【中医学理论】

味甘、辛，性平，入心、脾、胃经

民谚有"三月三，茼蒿下米汤"之说。中医学认为，茼蒿味甘、辛，性平，无毒，可清血养心，润肺消痰（李春深，2018）。茼蒿耐寒性强，是一种早令蔬菜。茼蒿自古即做药用，《食疗本草》记载，同蒿（茼蒿）"主安心气，养脾胃，消水饮"。《本经逢原》言：茼蒿气浊，能助相火。《食物中药与便方》中记载很多与茼蒿相关的方剂，如治热咳痰浓者，以鲜茼蒿菜90 g，水煎去渣，加冰糖适量溶化后分2次饮服；治高血压者，以鲜茼蒿菜1握，洗，切，捣烂取汁，温开水和服，每服1酒杯，每日2次；治烦热头昏，睡眠不安者，以鲜茼蒿菜、菊花脑（嫩苗）各60 ~ 90 g，煮汤，每日2次饮服；治疗痈疽疔肿、丹毒等症，以茼蒿15 g连茎捣烂，加入适量酒煎，趁热服下，所剩药渣外敷患处。

【主要营养功能性成分】

茼蒿经营养成分分析，除含膳食纤维、植物蛋白质、丝氨酸、天冬氨酸、苏氨酸、丙氨酸、谷氨酸、胆碱、胡萝卜素、维生素C以及矿质元素钙、磷、铁（跃石，2011；刘祖春，2005）等营养成分外，茼蒿还含有吲哚、喹啉等生物碱（阮海星等，2008），具有抗心动过速、抗肿瘤化疗引起的白细胞减少等功效（张冬冬，2002）。含有柚皮素、芹黄素、木犀草素、山奈酚和槲皮素等9种黄酮类衍生物（Lamyaa et al., 2007），具有降血糖、降血脂、抗氧化和增强机体免疫力等药用价值（张金凤等，2012），对脊髓灰质炎病毒、7型腺病毒有弱抗性（Lamyaa et al.，2007）。含萜类、倍半萜内酯，具有抗菌功效，对人癌细胞A549、PC-3和HCT-15具有细胞毒活性（Lee et al.，2002）。含绿原酸、咖啡酰基奎宁酸、琥珀酰奎宁酸等（Chuda et al.，1998；Takenaka et al.，2000），具抗氧化功效。含植物甾醇，可抑制血管内皮细胞的增生和毛细血管分化，并通过降低胆固醇，预防和治疗冠状动脉粥样硬化，减少心血管疾病的风险（Choi et al.，2007）。含甘油二酯糖苷，具抗炎活性（万春鹏等，2014），可激活Ⅰ型免疫，有助于预防感染性疾病，癌症和变态反应性等疾病，是一个有希望的增强免疫药物（TANAKA et al.，2011）。茼蒿提取液的镇咳、祛痰作用，在临床上用于治疗慢性支气管炎具有一定的意义（康健等，2014）。此外，茼蒿具有促进蛋白质代谢，助脂肪分解功效，还可以通过调节电解质平衡发挥快速恢复肌肉功效，有益于运动水平提高（茹仙古丽·吐尔逊，2021）。

【分类及品种推荐】

茼蒿依叶的大小分大叶茼蒿和小叶茼蒿。大叶茼蒿又称板叶茼蒿、圆叶茼蒿，其叶宽大，缺刻少而浅，叶厚，嫩枝短而粗，纤维少，品质好。品种有杭州木耳茼蒿、上海圆叶茼蒿等。小叶茼蒿又称花叶茼蒿、细叶茼蒿、鸡爪茼蒿。其叶狭小，缺刻多而深，嫩枝细，叶肉薄，香味浓。品种有上海鸡脚茼蒿、北京蒿子秆儿等。

上海圆叶茼蒿 上海地方大叶品种。以食叶为主，茎短，节密而粗，淡绿色，纤维少，质地柔嫩，品质好，味道佳。该品种茼蒿富含胡萝卜素、多种氨基酸、膳食纤维、叶绿素，是高营养价值的绿色蔬菜品种之一。

小叶茼蒿　　　　　　　　　　　　　　大叶茼蒿

茼蒿——沪蒿1号　沪蒿1号为上海市农业科学院培育的小叶品种。茎色浅绿，羽状裂叶倒披针形、叶缘有锯齿，缺刻较深，整齐度好，香味浓，品质佳。其营养成分蛋白质、维生素C、胡萝卜素、碳水化合物、钙、铁的含量均比浙江细叶茼蒿高。

蒿子秆儿　北京小叶品种。茎较细，主茎发达、直立，叶片狭小、倒卵圆形至长椭圆形、叶缘羽状深裂、叶面有不明显的细茸毛。

菊秀大叶茼蒿　泰国引进品种。叶肥厚、叶色淡绿，清香可口，品质好，产量高，是我国20世纪90年代以来大力推广的品种之一。

【选购技巧】

选购茼蒿时，应挑选叶片无黄色斑点、鲜亮翠绿、茎部嫩绿、坚挺而有弹性、根部肥满挺拔的。如叶子发黄、叶尖开始枯萎乃至发黑收缩现象，或茎秆、切口变褐色的小叶茼蒿，表明放置时间太久。另外，茼蒿春季易抽薹，注意不要购买有抽薹现象的茼蒿，其营养品质、口感均较差。此外，也可通过闻茼蒿的气味来判断其新鲜程度，新鲜的茼蒿具有清香的气味。

※安全食用小贴士※

茼蒿是一种常见的蔬菜，具有很高的营养价值，被誉为"绿色金子"，但因其味辛、性偏凉，多食不利。《食疗本草》记载，同蒿（茼蒿）"动风气，熏人心，令人气满，不可多食"。《得配本草》记载，"泄泻者禁用"。现代研究发现，茼蒿所含植物蛋白质，可能导致部分人群食用后产生轻微的皮肤过敏反应，如皮肤发痒、红肿等。因此，对茼蒿过敏的人群应避免食用。茼蒿富含草酸，草酸与钙结合易形成草酸钙，可能影响茼蒿中钙元素的吸收利用，故烹饪茼蒿前，可将其用热水焯烫，以去除部分草酸，且注意充分煮熟后方可食用。此外，茼蒿具清热、解毒功效，胃虚腹泻时，不要食用，以免加重病情。

【家庭贮藏方法】

无论大叶茼蒿还是小叶茼蒿，叶最易腐烂，均不耐贮。大叶茼蒿以即购即食为主。大叶茼蒿可冰箱冷藏或以水浸泡，可贮存1天左右。小叶茼蒿购买后，如不即时食用，可去除溃烂及不新鲜叶柄部分，用保鲜膜或纸包裹，将根部朝下直立摆放在冰箱中，此法，既可保湿又可避免过于潮湿而腐烂。或散干（擦干）水汽后装入塑料袋，竖直存放于冰箱中冷藏。如果想长期保存，可按每顿饭用量用薄膜包裹（注意不可包裹过紧），放入密闭容器冷冻贮藏，此法叶片营养及食用价值损失较为严重。

空心菜 （旋花科番薯属植物）
厨房药食之翘楚，餐桌绿色的精灵

空心菜，学名蕹菜（*Ipomoea aquatica* Forssk. in Forssk. & Niebuhr），旋花科番薯属，一年生蔓生或浮生草本植物。因其茎圆中空，常称"空心菜"。其茎节生根，茎叶柄均无毛。叶片呈卵形、长卵形、长卵状披针形或披针形等，顶端锐尖或渐尖，基部心形、戟形或箭形（偶有截形），全缘或波状，或基部少数粗齿，两面近无毛或偶有稀疏柔毛。"蕹菜"之意是"以瓮盛来"之菜，后来因"瓮"和"蕹"同音，故得名"蕹菜"（王绪前，2015）。原产于中国，现已广泛栽培，遍及亚洲热带、非洲和大洋洲等地区。中国中部及南部等地区为主要栽培区，北方较

空心菜

少，或有野生。

【中医学理论】

茎叶：味甘，性寒，入肠、胃经

根：味淡，性平，入肾、肺、脾经

关于空心菜，民间谚语有"南蕹西芹，菜蔬之珍""六月蕹菜芽，胜过猪油渣"之说，空心菜为药食同源的食材。据《本草纲目》记载，蕹菜可入药。蕹菜捣汁和酒服治难产。《食疗本草》记载，"味甘，平，无毒"。《岭南采药录》中收载药方有：治鼻血不止，以蕹菜茎叶，和糖捣烂，冲入沸水服；治囊痈，以蕹菜捣烂，与蜜糖和匀敷患处；治出斑，以蕹菜、野芋、雄黄、朱砂同捣烂，敷胸前。《闽南民间草药》收载方剂有：治淋浊，大小便血，以鲜蕹菜洗净，捣烂取汁，和蜂蜜酌量服之；治皮肤湿痒，以鲜蕹菜，水煎数沸，候微温洗患处，日洗一次；治蜈蚣咬伤，以鲜蕹菜，食盐少许，共搓烂，擦患处。《医林纂要》言：补心血，行水。《广西野生资源植物》言：根茎舂烂煨熟，熨吹乳。《陆川本草》言：能治肠胃热，大便结。《广西药物植图志》言：治龋齿痛，以蕹菜根四两，醋水各半同煎汤含漱。此外，根还可用于治疗妇人白带，虚淋，久咳，盗汗（《分类草药性》）；也可利水和脾，行气消肿（《民间常用草药汇编》）。

【主要营养功能性成分】

空心菜含膳食纤维、蛋白质、维生素、糖类、脂类、酚类、萜类化合物、谷氨酰胺、丙氨酸、α-生育酚、β-胡萝卜素、叶黄素、叶黄素环氧化物、堇黄质和新黄质以及铜、铁、钙和锌等营养和功能性成分。有趣的是空心菜蛋白质含量高、鱼类必需氨基酸种类齐全，并含有丰富的粗脂肪、粗纤维、维生素和矿物质等营养成分，是草食性鱼类养殖良好饲料（巩江等，2010）。现代研究发现，空心菜含二氢槲皮素-3-O-α-D-葡萄糖苷，具有较强的抗脂质过氧化活性（黄德娟等，2008；Huang et al.，2005）；含有吡咯烷酰胺类、盐皮质激素类等拮抗剂，在预防脂肪性肝炎、高血压、心力衰竭、慢性肾病等药物开发上有一定的意义（Tofern et al.，1999）。高志奎等（2005）报道，空心菜汁可抑制金黄色葡萄球菌和链球菌等，具有预防细菌感染的功效。空心菜中维生素A、维生素C和纤维素含量很高，具一定程度的防癌、降低血糖功效。此外，Malalavidhane等（2003）和邱喜阳等（2008）研究报道，紫色空心菜水提物含胰岛素类似物，此类物质对控制血糖有一定的类似功效。

另有蒲昭和等（2001）报道，空心菜茎叶中丰富的粗纤维可清热解毒，果胶能加速排毒，木质素能提高巨噬细胞吞食细菌的活力，具有杀菌消炎的功效，可用于疮疡、痈疖等。李维一等（2002）报道，空心菜中的胡萝卜素及其他维生素有助于增强体质、防病抗病、预防龋齿。空心菜中的叶绿素可润泽皮肤，以该菜提取的绿色素，成本低廉、无毒，在食品工业中前景良好。

【分类及品种推荐】

空心菜依茎色不同分为白梗蕹、绿梗蕹和紫梗蕹（很少见）。茎色黄白或绿白的品种称为白梗蕹，如泰国白皮蕹、柳州白梗蕹。茎色浅绿至深绿品种称为绿梗蕹，如吉安大叶蕹、鄂蕹1号、重庆水蕹。茎色粉红、浅紫、紫色品种称为紫梗蕹（又称红梗蕹），如枣阳红梗蕹、仙桃紫梗蕹、墨江红梗蕹。依繁殖方式不同分为藤蕹和籽蕹。藤蕹与籽蕹相比，更鲜嫩，原产于我国热带多雨地区，是江西、四川等地的主菜之一。另依叶片大小和形状分为小叶蕹、中叶蕹和大叶蕹。但受生态条件影响，所谓小、中、大叶之间往往难以划定绝对界限（刘义满等，2020）。

竹叶空心菜　泰国引进品种，也称泰国空心菜。其环境的适应力比较强，竹叶空心菜不仅产量高，而且质脆、味浓，深受人们的喜爱。

丝蕹空心菜　常见的空心菜品种。环境适应能力强，叶片细长呈绿色，口感脆、味浓。其品质与竹叶空心菜相似，但丝蕹空心菜产量较低，价格昂贵，营养价值相对丰富，是比较好的空心菜品种之一。

白茎细叶空心菜　口感脆中带软的空心菜品种。外观与绿茎细叶空心菜相似，但纤维含量很少，炒制后口感更佳，适合牙齿不太好的老年人和儿童食用。

细叶蕹菜　南方地区最受欢迎的空心菜品种。叶片细小、颜色深，梗和茎均很细，耐寒、耐热、耐风水，口感浓郁，品质优良。

万州藤蕹　重庆万州区地方藤蕹品种。万州藤蕹栽培历史悠久。其叶大茎粗、肉质厚、纤维少、质地柔嫩、品质优良、产量高，深受广大菜农和消费者的喜爱。

【选购技巧】

优质的空心菜一般菜叶新鲜、嫩绿，叶片光泽、菜茎挺立，清新无异味。挑选空心菜时，注意"三看一掐"。一看叶片，按喜好选择大叶或小叶，优质空心菜叶片完整、新鲜嫩绿、无黄叶、无虫眼。二看茎秆，茎挺立，有弹性，光泽度好、色绿、茎秆较细者为鲜嫩空心菜，有些过熟的空心菜茎秆偏白偏粗，注意仔细观察分辨。三看茎部采收时切口，切口新鲜整齐、无腐烂、不干燥、根茎不太长的空心菜为佳品。一掐，用手指轻掐茎秆，选择茎脆嫩性好，不拉丝的空心菜为宜。

※安全食用小贴士※

空心菜性寒滑利，脾虚泄泻、体温不足以及体质虚弱者不宜多食。此外，空心菜具有解毒功能，服药时不宜食用（巩江等，2010）。民间传闻，空心菜有"万毒之王""抽筋菜"之说。生活中有些人听说空心菜重金属超标，是"万毒之王"，但空心菜本身并不具有富集重金属的特性，蔬菜重金属是否超标与生产环境息息相关，从正规渠道（超市、农贸市场）购买的合格空心菜是可以安全食用的。坊间也有传闻称，空心菜内含有大量的草酸，食用后草酸容易与体内钙元素结合，形成草酸钙沉淀，引起人体抽筋。针对这一点，专业医师表示，吃空心菜导致抽筋并不科学。事实上，空心菜虽然含有草酸成分，但焯水后食用，95%以上的草酸可被去除，对钙吸收影响甚微。而吃空心菜出现抽筋的极少数人群，可能是本身钙摄入不足，容易缺钙，或体质已有寒凉所致。

【家庭贮藏方法】

据杨冲（2020）研究，在0℃、5℃条件下，空心菜易发生冷害；15℃条件下，又易加快空心菜的衰老，均不利于贮藏。而在10℃条件下贮藏，对品质、营养成分的保存最佳，此条件下贮藏8天时，上述营养指标仍保持良好。因此，空心菜除以即食即购最佳外，如需短期贮藏，可剔除破、损、烂叶片，以保鲜袋封好茎底部（注意叶部不要封或略使透气），置于冰箱4～5℃进行短期贮藏（以不超过5天为宜），有条件可于10℃贮藏；北方冬天可于室内环境贮藏，但最好在短期内（根据实验验证，不宜超过3天）食用。

芹　菜
厨房里的草药，最"勤"劳的蔬菜

（伞形科芹属植物）

芹菜，学名旱芹（*Apium graveolens* L.），伞形科芹属，二年生或多年生草本植物。别名药芹（徐晔春等，2015）。芹菜有强烈香气，其根圆锥形、支根多数，茎直立、光滑、有少数分枝、有棱角和直槽，根生叶、有柄、基部略扩大成膜质叶鞘，叶长圆形至倒卵形、边缘圆锯齿或锯齿状、叶脉两面隆起，上部茎生叶阔三角形、有短柄、小叶倒卵形。日常生活中芹菜有本芹、水芹、西芹3个品种。我国原生的芹菜多为水芹。旱芹大约在汉代从外域传入，为药用，至唐代，水芹和旱芹均供食用。唐朝对芹情有独钟，认为食之益神益力。关于本土水芹，在《龙城录》中就记录了"魏征嗜醋芹"的故事，而且得到了"诗圣"杜甫、"诗鬼"李贺和宋代"吃货"苏东坡的认可，特别是东坡先生的"蜀人贵芹芽脍，杂鸠肉作之"这一流传至今的名菜。陆游有诗云："白头孤宦成何味，悔不畦蔬过此生。"可见古人对芹菜钟爱之深。

芹菜

【中医学理论】

味甘辛，性凉，无毒，入肺、胃、肝经

俗语讲："若要双目明，粥中加旱芹""多吃芹菜不用问，降低血压喊得应"等。在药学典籍中，芹菜可以说是最"勤"劳的蔬菜了。在中医药典籍记载的很多方剂中，不乏芹菜的芳名。如《本草推陈》中记录，芹菜有醒脑健脾，润肺止咳，益肝清热，祛风利湿的功效，可以用于治疗肝阳头昏，面红耳赤，头重脚轻，步行飘摇等症，也可养血补虚（朗朗，2017），兼具醒脑、健神、润肺、止咳、清利湿热功效，治小便淋痛、胃中湿浊（严仲铠，2018；高崇新，2004）。另外，《生草药性备要》记录，芹菜能补血，祛风，去湿，敷洗诸风之症；《中国药植图鉴》记录，能治小便出血，捣汁服；《大同药用植物手册》记录，能治小便淋痛；《陕西中草药》记录，能祛风，除热，散疮肿，治肝风内动，头晕目眩，寒热头痛，无名肿毒等。一些中药方剂见表1。

表1　芹菜的药用方剂

功能主治	制备与服用方法	方剂来源
湿气	旱芹，不以多少，干为细末，面糊为丸，如梧桐子大。每服三十丸至四十丸，空心食前，温酒、盐汤服之。	《履巉岩本草》
高血压、动脉硬化	旱芹，鲜草适量捣汁，每服50～100 mL；或配鲜车前草60～120 g，红枣10只，煎汤代茶。	《中草药学》
小便不通	鲜芹菜60 g。捣绞汁，调乌糖服。	《泉州本草》
劳伤	药芹菜根30 g。泡酒服。	《贵州民间药物》
疮	药芹菜根研细，敷患处。	
小便出血	捣汁服用。	《中国药用植物图鉴》
早期原发性高血压	鲜芹菜四两，马兜铃三钱，大蓟、小蓟各五钱。制成流浸膏，每次10 mL，每日服3次。	《陕西中草药》
痈肿	鲜芹菜一至二两，散血草、红泽兰、铧头草各适量。共捣烂，敷痈肿处。	

注：以上方剂，请咨询专业医生，并在医生指导下使用。

【主要营养功能性成分】

根据现代科学研究，芹菜含蛋白质、碳水化合物、胡萝卜素、B族维生素、钙、磷、铁、钠等营养成分（表2），并且含黄酮类化合物（如芹菜素）、脂肪酸类化合物、酚类化合物、甘露醇、呋喃类化合物等功能性成分（表3）（沈铭高等，2008；王克勤等，2006；常菲菲等，2023）。

表2　芹菜的营养成分（郭春景，2018）

成分	含量	成分	含量	成分	含量
碳水化合物	0.9 g	维生素B$_2$	0.08 mg	钾	154 mg
蛋白质	0.8 g	维生素C	12 mg	钠	517 mg
膳食纤维	1.4 g	胡萝卜素	0.1 mg	硒	0.6 mg
脂肪	0.1 g	叶酸	29 mg	铁	0.8 mg
维生素A	10 mg	烟酸	0.4 mg	锌	0.46 mg
维生素E	2.21 mg	钙	152 mg	镁	10 mg
维生素B$_1$	0.01 mg	磷	50 mg		

表3　水芹的化学成分（王克勤等，2006）

种类	化合物
醚类	肉豆蔻醚
烯类	茨烯、蒎烯、月桂烯
酯类	酞酸二乙酯、正-丁基-2-乙基酞酸酯
酚类	香芹酚、丁子香酚
糖类	葡萄糖胺、半乳糖胺
醇类	豆甾醇、B-谷甾醇、1-二十醇、芳醇
氨基酸类	天冬氨酸、苏氨酸、甘氨酸、丙氨酸
油类	挥发油
黄酮类	水芹素、异鼠李素、金丝桃素、槲皮素
有机酸类	棕榈酸、二十七碳酸、二十九碳酸

在肝炎临床尚缺乏特效治疗药物的情况下，人们把治疗肝炎（尤其慢乙肝）的希望寄托于中医和中草药上。据大量资料证实，在肝炎的治疗方面，芹菜作为药食两用蔬菜，具有褪黄、降酶的功效，在相关抗免疫、抗病毒、保肝方面确实发挥了重要的作用（黄正明等，1989，1990a，1990b，2000）。其中以水芹为主研制的抗乙肝新药芹灵冲剂（黄正明等，2000）曾在第一届世界华人消化大会上交流。此外，研究发现无论水芹单药或是以水芹组成的复方均显示出较好的抗肝炎作用。

【分类及品种推荐】

根据叶柄的形态，芹菜可分为本芹（中国本土化类型）和西芹（欧洲类型，即洋芹，据记载于清末民初时从国外引入）2种类型。本芹叶柄细长，按叶柄颜色又可分为青芹和白芹（也有称黄芹，肖万里等，2012）。青芹（旱芹，据记载为汉代从西方引入后本土化）植株高大，柄较粗，叶片较大，味浓，分实心和空心2种类型。实心芹菜叶柄髓腔很小，腹沟窄而深，品质较好。空心芹菜叶柄髓腔较大，腹沟宽而浅，品质较差。白芹植株矮小，柄细、黄白色或白色，叶细小、色浅绿，香味浓，品质好。西芹是从国外引进品种，其叶柄肥厚而宽扁、多为实心，味淡，脆嫩，有青柄和黄柄2种类型。目前比较受欢迎的西芹品种有意大利冬芹、意大利夏芹、改良犹他52-70R（Utab52-70R improved）、佛罗里达683、荷兰芹等。

此外，原产于我国的水芹，为伞形科水芹属植物水芹 [*Oenanthe javanica* （Blume）DC.]，是药用正品水芹。水芹菜茎细长、中空，具有匍匐生长的习性，各节位间均能长出新的植株体。

西芹　　　　　　　　本芹　　　　　　上海黄心芹菜

上海黄心芹菜　叶簇较直立，小叶近圆形、叶黄绿色、心叶金黄，叶柄青黄色，茎秆嫩黄色。质地脆嫩，纤维少，味香浓，产量高，商品性极佳。

津南冬芹　天津市宏程芹菜研究所于1995年引进的芹菜新品种。冬季保护地栽培品种，叶柄粗壮，淡绿色，味道鲜美。

美国白芹　西芹品种。植株较直立、株形较紧凑，叶片黄绿色，叶柄黄白色，品质脆嫩，纤维少，保护地栽培时易自然软化。

桐城水芹　安徽桐城名特优新品种。其生产用水源于龙眠山的山泉水和芹田旧河床沙石层渗出的泉水，该地土壤为富含有机质和氮、磷、钾等独特成分的香灰泥。因此，桐城水芹以四季滴翠、根似龙须、茎如玉簪、清香脆嫩、味道鲜醇而独具一格。2020年9月18日，桐城水芹入选"2020年第二批全国名特优新农产品名录"。2021年5月24日，国家知识产权局批准对"桐城水芹"实施地理标志产品保护。桐城水芹地理标志农产品地域保护范围：安徽省安庆市桐城市大关镇、吕亭镇、孔城镇、青草镇、范岗镇、新渡镇、双港镇、金神镇、嬉子湖镇、文昌街道、龙眠街道、龙腾街道共12个镇、街道的行政区域。

紫色芹菜　最近几年自然培育出的新品种，富含花青素。

【选购技巧】

　　水芹菜是非常有南方特色的蔬菜，带有水边植物特有的香气，对有些人来说味道有点重，但口感鲜嫩，素炒、凉拌或炒肉有异香、提味，可除其他食品的腥味。黄心芹（本芹新品种），如上海黄心芹和北方香芹，长相秀气，茎秆嫩黄，质地脆嫩，纤维少，味道清香。南方多炒食或做提味配料。北方多做饺子、包子馅料。本芹品种中的青芹就是我们常吃的普通芹菜，多见于北方。虽没西芹大，但比其他品种稍粗大，纤维素多，口感较粗糙，香味浓郁，多用来搭配肉片炒食或凉拌。总的来说，青芹味浓、糙；黄心芹味浓、嫩香、脆；白芹味淡、不脆；西芹味淡、脆。

　　优质鲜嫩的芹菜，既翠绿又饱满，叶柄挺立，叶色鲜亮，根茎叶无萎蔫或枯黄（久放或过熟会出现此类现象）。选购时注意"二看一掐一辨"。一看外表，选购时梗不宜太长，以20~30 cm为宜，菜叶翠绿、挺立，不枯萎。二看菜叶，新鲜的芹菜叶平直，久放叶会翘起、软，甚至发黄、起锈。另外，注意辨别叶色浓绿芹菜，可能粗纤维多，口感老。一掐，掐时易折断的为嫩芹菜，不易折的为老芹菜。一辨种类，目前市场上，芹菜较为普遍的品种类型有3种，即本芹（青芹和白芹）、西芹和水芹，如前文所述，可以根据需要来选择。

【家庭贮藏方法】

　　芹菜较适宜的贮藏温度为0℃左右，如果高于10℃，就会出现萎蔫失水腐烂等症状（刘剑钊，2017）。家庭短期贮藏可选择冰箱冷藏，即将芹菜以保鲜袋或膜封装好，放于冰箱冷藏室里，此方法可贮藏3~7天。因芹菜的叶片蒸腾量很大，常温下放置或冰箱冷藏容易失水，枯萎而失去食用价值，因此，可将新买的芹菜，剔除枯叶及破损部分或摘除叶片、独留茎秆，以保鲜膜或保鲜袋封好，置于冰箱内冷藏，视芹菜品质可贮藏7~15天，且独留茎秆方法贮藏时间更久一些。

※安全食用小贴士※

据《本草汇言》记载，芹菜"脾胃虚弱，中气寒乏者禁食之"。中医学认为，芹菜性凉而滑利，脾胃虚弱，不宜过多食用。芹菜有降血压作用，血压偏低的人少食慎食。芹菜含少量呋喃香豆素，易引起皮炎，对芹菜过敏的人不宜食用。野生水芹的喜好者应注意，野生水芹极易与毒芹混淆（最明显的区别是茎上有无茸毛，毒芹的茎是毛茸茸的，而野生水芹茎光滑）。同时要避免采摘化工厂，废水处理厂附近易受污染的野生水芹。野生水芹食用时，用开水焯熟，以去掉茎、叶上的细菌、病毒、污染物质等可能对健康造成危害的成分。建议消费者去正规市场购买，不要私下野外采摘，以防中毒。

（苋科苋属植物）

苋　菜

粮菜药兼用之品，随遇而安的绿色鸡蛋

苋菜（*Amaranthus tricolor* L.），苋科苋属，一年生草本植物。茎粗壮、绿色或红色、常分枝，叶片卵形、菱状卵形或披针

形、绿色或红色，紫色或黄色，或部分绿色加杂其他颜色、顶端圆钝或尖凹、具凸尖、全缘或波状缘、无毛，叶柄绿色或红色。根据明李时珍在《本草纲目》中记载，"苋之茎叶，皆高大而易见，故其字从见"。民间有"夏至到舅舅家吃苋菜不生病"和"端午（民间有端午为毒月之说）吃苋菜祛毒避邪，安度暑日"的习俗。绍兴一带的特色菜

苋菜

"霉苋菜梗"的"臭趣"更是与越王勾践扯上了点儿神秘的关系（与臭豆腐有异曲同工之妙）。

【中医学理论】

茎叶：味甘，性微寒，入大肠、小肠经

种子：味甘，性寒，入肝、大肠、膀胱经

民谚讲"六月苋，当鸡蛋，七月苋，金不换"，这是对苋菜绝佳的赞美，而且7月苋菜有"长寿菜"之称，可见民间对夏季苋菜的营养价值的认可。早在《神农本草经》中，苋菜就已经被当时的医家们认可了其药用价值。据古籍记载苋菜根、果实、全草均可入药。其中苋菜结出的籽，即苋实有"味甘寒，清肝明目，通利二便"之功效，主治青盲翳障，视物昏暗，白浊血尿，二便不利（夏从龙等，2016），疮毒等。有关苋菜籽的药用，《千金要方》言：苋菜实，味甘寒、涩、无毒，主青盲，白翳明目，除邪气，利大小便，去寒热，杀蛔虫，久服益气力。《食物本草》

言：苋菜味甘冷，无毒，白苋补气、除热、通九窍，赤苋主赤利
射工沙虱，紫苋杀虫毒，治气痢，六苋并利大小肠，治初痢，滑
胎……，苋实，味甘寒、无毒，主青盲、明目、除邪、利大小便、
去寒热、久服利气力、不饥、轻身。《民间常用草药汇编》言：治
伤风咳嗽。《本草纲目》言：苋实与青葙子同类异种，故其治目之
功亦仿佛也。苋菜茎叶的药用，唐孟诜言：白苋：补气除热，通
九窍。《本草拾遗》言：紫苋，能杀虫毒。《本草图经》言：紫
苋，主气痢。赤苋，主血痢。《滇南本草》言：化虫去寒热，能
通血脉，逐瘀血。治产前后赤白痢，以紫苋叶（细锉）一握，糯
米三合，先以水煎苋叶，取汁去滓，下米煮粥，空心食之（《寿
亲养老新书》紫苋粥）；治小儿紧唇，以赤苋捣汁洗之（《太
平圣惠方》）；治漆疮瘙痒，以苋菜煎汤洗之（《本草纲目》）。

【主要营养功能性成分】

苋菜富含人体所需要的维生素、蛋白质、脂肪（苋菜籽）、
矿物质钙、磷、铁、B族维生素、尼克酸类、胡萝卜素以及微量
元素（秘雪，2019）。此外，红苋中钾、钠、氯、镁含量较高。
其中铁元素含量丰富，因此，在民间一向视苋菜为补血佳蔬，也
有"长寿菜"之美誉。另一个值得注意的是，苋菜蛋白质中的氨
基酸结构较好，含18种氨基酸、8种人体必需氨基酸以及高水平
的赖氨酸，易于人体吸收，尤利于对青少年生长发育（于淑玲，
2010）。苋菜种子也是富含营养的食物，具高含量赖氨酸可弥补
谷物氨基酸组成的缺陷（张志焱，1996）。

有研究报道，苋菜全草挥发油中含56种化合物，具体参见《中
药大辞典》。苋菜叶和茎中含亚油酸及棕榈酸。叶中还有含苋菜红
甙、二十四烷酸、花生酸、菠菜甾醇、乳糖基甘油二酯类、三酰甘

油、甾醇、游离脂肪酸，以及维生素A、维生素C、B族维生素等，地上部分还含有具抗菌功效的正烷烃、正烷醇和甾醇类等成分。

　　根据现有研究，已确定的苋属植物中所含生物活性成分有酚类、黄酮类、生物碱、苷类、类固醇、皂苷、氨基酸、维生素、矿物质、萜类、脂类、甜菜碱、儿茶单宁和类胡萝卜素（Nana et al., 2012; Sharma et al., 2012; Bagepalli et al., 2011）。有文献报道苋属含有1种木脂素糖苷和1种香豆酰腺苷（Azhar-ur-Haq A et al., 2006）以及甜菜红素、甜菜黄素、羟基肉桂酸钙、槲皮素、山奈酚（Stintzing et al., 2004）。Kraujalis等（2013）从脱脂苋属植物的叶、花、茎和种子中依次采用丙酮、甲醇和水提取的物质中含有芦丁、烟肼、异槲皮苷、4-羟基苯甲酸和对香豆酸。Kalinova等（2009）在三色苋和苋科千穗谷的叶片中还发现有异槲皮苷和芦丁，特别在苋菜成熟阶段摘取的叶子中含有槲皮素或槲皮素衍生物：*Amaranthus hybrid*和*Amaranthus cruentus*，它们是芦丁的最佳来源。此外，苋属植物中普遍含有水杨酸、丁香酸、没食子酸、香草酸、阿魏酸、对香豆酸、鞣花酸和芥子酸等酚酸；籽粒苋种子中还含有活性肽和活性蛋白（Lina et al., 2007; Vecchi et al., 2009）。

【分类及品种推荐】

　　据《证类本草》和《本草纲目》记载，苋菜有6个品种：赤苋、白苋、人苋、马苋、紫苋、五色苋，其中人苋、白苋主为药用。按人苋小，白苋大，马苋如马齿，赤苋味辛，俱别有功，紫苋及五色苋不入药。苋菜依主要食用部位分为茎用苋、籽用苋、叶用苋。叶用苋又依叶颜色不同分为绿苋、红苋和彩色苋。绿苋，其叶和叶柄为绿色或黄绿色。耐热性较强，食用时口感较红苋硬，代表品种有上海白米苋、广州柳叶苋、南京木耳苋。红苋，叶片和叶柄呈紫红色，耐热性中等，食用时较绿苋为软糯，代表品种有重庆大红袍、广州红苋、昆明红苋菜等。彩色苋，叶缘绿色，叶脉附近紫红色。早熟，耐寒性稍强，质地较绿苋为软糯，南方多于春季栽培，代表品种有上海尖叶红米苋和广州的尖叶花红苋。而我们经常食用的是绿苋和红苋。

上海白米苋　上海农家绿苋品种，也即上海话的"米西"。但所谓的白米苋并非白色，而为绿色。其叶卵圆形，先端钝圆，叶面微皱，叶柄短，叶及叶柄黄绿色，叶肉较薄，质地相对柔嫩，但相较红、彩苋稍硬，较晚熟，耐热力强。

广州柳叶苋　广州地方绿苋品种。叶披针形、边缘上卷成汤匙状、绿色，柄青白。

木耳苋　南京地方绿苋品种。叶较小、卵圆形、叶色深绿、叶面皱褶。

大红袍　重庆地方红苋品种。叶片卵圆形、微皱、红色、叶背面紫红色，叶柄浅紫红色，叶肉厚、质地软，耐旱，早熟。

圆叶红苋　上海地方红苋品种。侧枝少，叶卵圆或近圆、基部楔形、先端凹陷、略皱、紫红色、叶边缘绿色，叶柄红绿色、质地柔软，早熟，耐热，品质优良。

鸳鸯红苋菜　武汉彩色苋农家品种。叶片卵圆、微皱、上部绿下部红、叶柄淡红色，茎绿中带红、侧枝生长力强，品质好，茎叶不易老化。

【选购技巧】

苋菜选购时，可根据食用方法选择绿苋、红苋和彩色苋。总的来说，绿苋比较适合烹炒，红苋、彩色苋口感柔嫩、滑利爽口，可制作上汤苋菜，也可凉拌。挑选苋菜时，以嫩者为好，挑选时注意"二看一掐"。一看叶子，嫩苋菜叶子鲜嫩，有光泽。老苋菜叶子大，叶片厚、皱。值得注意的是，苋菜叶子大小并不是判断口感老嫩的标志。另外，叶身是否平直也可以判断新鲜度，如果苋菜叶子尖端翘起，或者变蔫发黄，则说明已不新鲜。二看根，苋菜根部短小且须少者较为嫩好，而老苋菜须多、根长。另需注意，苋菜根部是否完整，有商家将久贮苋菜萎根切短，淋水

※安全食用小贴士※

苋菜是一种药食两用蔬菜，营养较为丰富，含蛋白质、碳水化合物、纤维素、维生素、矿物质以及多种功能性成分。有研究发现，有少数特殊人群对苋菜过敏，此类人群应谨慎食用（谭静文等，2014）。《本草求原》言：脾弱易泻勿用。《随息居饮食谱》言：痧胀滑泻者忌之。从中可见因苋菜性味偏寒，具有清热利湿、凉血等功效，体质虚寒、胃寒胃胀反酸、易腹泻的人群建议少食，以免加重病情。此外，苋菜表面粗糙，清洗困难，洗不干净会引起腹泻等不适症状。所以新采摘的苋菜要放入清水里浸泡1小时以上，再用流动水清洗，直至清洗干净后食用。此外，茎部稍粗的苋菜纤维含量较高，咀嚼时会有渣，牙齿不好的儿童与老年人少食烹炒和凉拌苋菜，以嫩茎叶煲汤食用为宜。

售卖情况，注意分辨。一掐韧性，挑选时可稍微掐下根茎，嫩苋菜能掐断，相对脆嫩，老苋菜掐则不易断。

【家庭贮藏方法】

　　苋菜的味道非常鲜美，但保存期极短，以即购即食或现采现食为佳，如一次食用不完，可以采用以下4种方式贮藏。①根部带泥于室内贮存。②冷藏。首先去除老叶，留根，清水冲洗去除泥土，以淡盐水浸泡半小时，捞出再次冲洗并沥干，装入保鲜袋中于冰箱冷藏保存（约5天）。③冷冻。以盐开水焯烫，捞出即冲凉水，放凉后挤掉水分，放入保鲜袋于冰箱冷冻保存。④晒干。洗净后，以温水浸泡一晚，捞出沥干，撒上食盐搅拌均匀，晒干。

荠　菜

（十字花科荠属植物）

荠　菜　菜中之甘草，恩济予穷苦

　　荠菜 [*Capsella bursa-pastoris*（L.）Medik.] 是十字花科荠属一年或二年生草本植物。别名菱角菜、地米菜、芥等。荠菜之名"正史"记载来源于李时珍的《本草纲目》"荠生济济，故谓之荠"。荠菜全体通常无毛、有单毛或分叉毛，茎直立、单一或从下部分枝。基生叶丛生呈莲座状、大头羽状分裂、顶裂片卵形至长圆形、侧裂片长圆形至卵形、顶端渐尖、浅裂、或有不规则粗锯齿或近全缘，茎生叶窄披针形或披针形、基部抱茎、边缘有缺刻或锯齿，基部小叶呈较长的羽毛状（王张应，2019）。荠菜原称"荠"，原产于中国，全国各地均有分布或栽培。喜冷凉、晴朗，耐寒性较强，喜肥沃、疏松的土壤

荠菜

（张立秋等，2011），以种子繁殖（李建军等，2012）。民谣讲"有情锈铁发光，无义豆腐噬手"。有情有义的荠菜，民间传说称"穷人菜""救命菜"，作为野菜补给穷人餐桌，是大自然救济穷人的野菜，后被文人改作"荠菜"，流传至今。荠菜的身影早在中国2部最古老的诗歌集《诗经》和《楚辞》中即烙印在了文学作品中，多以其喻君子，歌颂君子志向高洁，是不畏严寒、隐忍低调的象征。民间一直流传"农历三月三吃荠菜花煮鸡蛋"的习俗（张律等，2018）。在唐代的民俗中，荠菜加工成的"春卷""春盘"是重要的迎春食品，也是从平民百姓到达官贵族餐桌上的佳品。古书记载荠菜与米粉煮糊，誉名"百岁羹"，足见其价值之高。荠菜春卷、饺子、炒制菜肴等广受人们喜爱。

【中医学理论】

味辛、甘，性凉、平，入肝、脾、膀胱经

荠菜药用价值很高，为药食同源的蔬菜，被誉为"菜中甘

草"。有民谚曰："三月三，荠菜当灵丹"。中医实践证明，其对赤白痢疾、肾炎水肿、淋病、乳糜尿、目赤疼痛、高血压病等有一定疗效。如《名医别录》中记载荠有和脾、利水、止血、明目的功效，主"利肝气，和中"，用于治疗月经过多。《本草纲目》释名为护生草，甘、温、无毒，有"明目，益胃"之功效。荠菜花最早记载于《备急千金要方》，药理证实有兴奋子宫、气管与小肠平滑肌，缩短出血时间，扩张冠状动脉，降压，利尿，退热，抗应激性溃疡等作用。其他古籍记载荠菜的功能主要有《药性论》记载，烧灰（服），能治赤白痢；《备急千金要方》26卷《千金食治》记载，根，主目涩痛。

古籍荠菜的中医方剂

功能主治	制备与服用方法	方剂来源
痢疾	荠菜叶烧存性蜜汤调（服）。	《日用本草》
	荠菜二两。水煎服。	《广西中草药》
阳症水肿	荠菜根一两，车前草一两。水煎服。	《广西中草药》
肿满、腹大、四肢枯瘦，小便涩浊	甜葶苈（纸隔炒）、荠菜根等分。上为末，蜜丸如弹子大。每服一丸，陈皮汤嚼下。	《三因极——病源论粹》葶苈大丸
内伤吐血	荠菜一两，蜜枣一两。水煎服。	《湖南药物志》
崩漏及月经过多	荠菜一两，龙芽草一两。水煎服。	《广西中草药》
暴赤眼、疼痛碜涩	荠菜根，捣绞取汁，以点目中。	《太平圣惠方》

（续表）

功能主治	制备与服用方法	方剂来源
眼生翳膜	荠菜不拘多少，洗净，焙干，碾为末，细研，每夜卧时，先净洗眼了，挑半米许，安两大眦头，涩痛莫疑。	《政和圣济总录》
治小儿麻疹火盛	鲜荠菜一至二两（干的八钱至一两二钱），白茅根四至五两。水煎，可代茶长服。	《福建民间草药》

注：以上方剂，请咨询专业医生，并在医生指导下使用。

【主要营养功能性成分】

荠菜是一种较好的高植物蛋白、低脂肪的营养健康蔬菜。荠菜含蛋白质、脂肪、碳水化合物、膳食纤维、钙、磷、铁、胡萝卜素、维生素B、烟酸、维生素C等营养成分。菜叶中维生素C和胡萝卜素较为丰富（霍蓓等，2017）。荠菜种子中的粗脂肪以不饱和脂肪酸为主（占总含量的87.28%），其中α-亚麻酸占总含量的32.8%，亚油酸占总含量的20.1%，芥酸占总含量的0.3%。粗蛋白质含量为18.7%，含18种氨基酸，8种必需氨基酸。荠菜籽中维生素E含量较高，矿物质钾、钙、镁（宋照军等，2020）和微量元素硒含量均很高（霍蓓等，2017）。

现代科学研究发现，荠菜中的功能成分较为丰富，从而印证荠菜具很高的药用价值（位思清，2003；李泽鸿等，2000）。荠菜含有机酸类如原儿茶酸、柠檬酸、荠菜酸、苹果酸、枸橼酸、对氨基苯磺酸、延胡索酸等，以上成分多以钙盐、钾盐及钠盐的形式存在（潘明等，2009；黄雪梅等，2005）。荠菜中还含黄酮甾醇类化合物，如小麦黄素、山奈酚、槲皮素、苷类、谷甾醇

等（徐伟，2007）。20世纪德国、俄罗斯学者从荠菜中分离出12
个黄酮类化合物：芸香苷、橙皮苷、二氢非瑟素、棉花皮素六甲
醚、香叶木苷、刺槐乙素、牙菜素、木犀草素等。荠菜中的糖类
物质主要有蔗糖、山梨糖、乳糖、氨基葡萄糖、山梨糖醇、甘露
醇、侧金盏花醇等。此外，荠菜中还含有其他多种功能性成分，
如黑芥子苷、谷甾醇、三萜、皂苷、香豆素、胆碱、乙酰胆碱、
酪胺、马钱子碱、芥子碱、育亨宾、麦角克碱、廿九烷等（徐
伟，2007）。

【分类及品种推荐】

荠菜分为板叶荠菜和散叶荠菜2种类型（尹德辉等，2017）。
板叶荠菜又称大叶荠菜。粗叶头，叶肥大而厚，叶缘羽状缺刻
浅，浅绿色，抗旱耐热，易抽薹，不宜春播，产量较高，品质优
良，风味鲜美。散叶荠菜又称细叶荠菜、碎叶头、百脚荠菜。叶
片小而薄，叶缘羽状缺刻深，绿色，抗寒力中等，耐热力强，
抽薹晚，适于春秋两季栽培，品质优良，香气较浓，味极鲜美，但产量低，栽培少（张辉，2003）。

板叶荠菜　上海大叶荠菜品种。叶子颜色为浅绿色、较厚、光滑，稍带茸毛、低温天叶色变深，香味淡。耐

板叶荠菜

寒耐热，生长周期短，40天便可收获，产量较高，兼具鉴赏性。

散叶荠菜　小叶荠菜品种，又称小叶荠菜。塌地生长，叶较大、窄、叶绿、遇低温色变深带紫，耐热不耐寒，香味很浓郁、味道鲜美，适合春种。

散叶荠菜

【选购技巧】

荠菜可用于煎、汤、凉拌、腌渍、与肉类搭配做馅均可，色、香、味俱佳。现代开发新产品也很多，比如荠菜肉调味剂。那么家庭烹制要如何选购荠菜？目前荠菜已有人工种植，蔬菜市场上有2种荠菜可选择。一种是尖叶种（散叶荠菜），也称花叶荠菜。叶色淡、叶片小而薄，味浓，粳性。另一种是圆叶种（板叶荠菜），也称板叶荠菜。叶色浓、叶片大而厚，味淡，糯性。每年11月到翌年2月为最佳消费期（马冠生，2020）。消费者选购荠菜时也要留意有无开花，新鲜无花荠菜口感更佳。此外，田野中挖食荠菜时注意采挖环境是否有污染，环境因素不明时，最好不要挖食野生荠菜，以防损害健康，甚至中毒。

【家庭贮藏方法】

荠菜采收期集中、贮藏期短（张艳芬，2007），且容易失水，黄化，以即买即食为佳。科学研究发现，低温贮藏主要通过影响荠菜的呼吸作用减少其代谢消耗。荠菜适宜贮藏的相对湿度为80%~95%，如果湿度处理不当会更早出现黄化现象，而以保鲜袋或保鲜膜封装可有效减少水分损失（张艳芬等，2010；孙灵湘等，2017）。因此，如买来的荠菜不能即时食用完，可以保鲜袋或膜封装好，于0~4℃冰箱中短期贮藏（可贮藏约1周）。如需贮藏更久些，可将荠菜以98℃烫漂71秒，放于冰箱中快速冻藏（姜永平等，2014；邢淑婕等，2004；Joubert et al.，2001）。

※安全食用小贴士※

荠菜食用时注意事项较多，烧菜时不可久煮，以免破坏菜中营养成分。荠菜性寒，有助润肠通便。《本草品汇精要》言：荠菜不利五脏。可能因荠菜性平、偏凉，可润肠通便。因此，胃肠虚寒或患便溏病症者应少食不食，以免病情加重。此外，荠菜易诱发过敏，有过敏体质，以及围手术期或消化不良的患者也应谨慎食用。对于喜爱野生荠菜的消费者，采挖时要注意卫生，食用前做好清洗工作。

乌塌菜

（十字花科芸薹属植物）

雪下的羊肉，菜中的维生素

乌塌菜 [*Brassica rapa var. chinensis*（L.）Kitam.]，十字花科芸薹属蔓菁种，常规二倍体小白菜，二年生草本植物。别名塌菜、塌棵菜、塌地菘、太古菜、黑菜等。原产于中国，主要分布在我国长江流域（章泳，2006）。乌塌菜的基生叶密、呈莲座状，圆卵形或倒卵形，

乌塌菜

上部叶近圆或圆卵形，全缘，抱茎。叶色浓绿、厚而皱缩、肥嫩，口感清新爽脆，可炒食、做汤、凉拌，色美味鲜，营养丰富。尤以秋季栽培经霜雪后，味更美而著名，被视为白菜中的珍品（《民国平湖县续志》）。乌塌菜得名与其特征、色泽有关。因与普通白菜相比，叶深呈墨绿色，故称"乌"；又因植株塌伏地生长，以称"塌"（郝铭鉴等，2014）。在中国乌仙女和小菘郎的神话故事中，乌塌菜更被赋予了此籽只合天上来的赞

誉。也是启海民间（启东、海门地区）口口相传的"初唐四杰"骆宾王发明的"沙地腌荠汤"名菜之一。《全唐诗》收录佳句"晚菘细切肥牛肚，新笋初尝嫩马蹄"盛赞其美味。而乌塌菜独特的抗寒性也是中原地区冬天餐桌上的一道美味菜肴。

【中医学理论】

味甘，性平，入肝、脾、大肠经

民谚曰："雪下乌塌赛羊肉"，可见民间对其营养价值的认可。祖国医学早在《食物本草》记载："蹋菜甘、平，无毒，滑肠，疏肝，利五脏"。乌塌菜具有疏肝健脾，滑肠通便之功效，常用于肝脾不和，饮食积滞，脘腹痞胀，纳呆，便秘等。因其含有多种维生素和胡萝卜素，素有"维生素"菜之称，常吃乌塌菜还可以增强人体抗病能力，泽肤健美（《中华本草》）。乌塌菜含有大量的膳食纤维，能促进肠道蠕动，对于便秘具有一定调理效果。此外，《中医世家》记载，乌塌菜等蔬菜中所含的诸多维生素都发现与防癌有关，如乌塌菜中富含的维生素C可抑制致癌物质亚硝胺的合成；胡萝卜素是维生素A的前体，维生素A是维持上皮细胞正常分化，防止细胞癌变的重要成分。此外，乌塌菜含丰富的维生素E和B族维生素，对维持机体的免疫功能和酶的代谢发挥重要作用。

【主要营养功能性成分】

乌塌菜叶色绿、叶厚，可食率达95%。乌塌菜鲜菜中含蛋白质、糖类、脂肪、膳食纤维和粗纤维、钾、钠、钙、磷、铁、铜、锰、硒、锌、锶、胡萝卜素、维生素B$_1$、维生素B$_2$、维生素C、维生素E（孙忠坤等，2005；宋波等，2013；舒英杰等，2005）等丰富多样的人体所需营养成分。乌塌菜作为白菜的变种之一，与白菜营养成分类似，但也有其独特的一面，主要表现在可溶性糖和维生素类。《汝南圃史》曰："蹋菜愈经霜雪其味愈甜"。现有科学研究证实，乌塌菜不仅叶片肥厚、脆嫩，特别是经低温或霜雪后，可溶性糖类含量增加，口味清甜鲜美，可炒、可汤，可凉拌、腌渍，又是烹调各种肉菜类的配菜，色、香、味俱佳。

【分类及品种推荐】

乌塌菜的种类较多（舒英杰，2005）。按叶形及颜色可分为乌塌类和油塌类。乌塌类叶小、色深绿、叶多皱缩，代表品种有小八叶、中八叶。油塌类系乌塌菜与油菜的天然杂交品种，叶较大、平滑、浅绿色，代表品种有黑叶油塌菜。乌塌菜按植株的塌地程度又可分为塌地型和半塌地型2种。塌地型，株型形扁平，叶片椭圆或倒卵形，墨绿色，叶面皱缩，有光泽，全绿，四周向外翻卷，叶柄浅绿色，扁平。代表品种有常州乌塌菜、上海小八叶、中八叶、大八叶、油塌菜等。半塌地型，其叶丛半直立，叶片圆形，墨绿色，叶面皱褶、叶脉细、全缘，叶柄扁平微凹，光滑，白色。代表品种有南京飘儿菜、黑心乌、成都乌脚白菜等。其中，半塌地类型中，有一种称为菊花心塌菜类型，其株形为半结球，叶尖外翻、翻卷部分黄色品种，如合肥黄心乌（李正应，1993）。

上海乌塌菜　上海著名的春节吉祥蔬菜品种。有着近百年的栽培历史。其株型塌地，株矮，叶簇紧密，层层平卧。叶片近圆形，全缘略向外卷，深绿色，叶面有光泽皱缩。叶柄浅绿色，扁平。较耐寒，经霜雪后品质更好，纤维少，柔嫩味甜。上海乌塌菜分为小八叶、中八叶、大八叶3个品系。以小八叶菊花心为最优，其品质柔嫩，菜心菊黄，每年春节远销香港。

　　瓢儿菜　南京地方著名品种。耐寒力较强，经霜雪后味更鲜，株形美观，商品性好。代表品种有菊花心瓢儿菜。菊花心瓢儿菜依外叶颜色又可分为2种类型：一种外叶深绿，心叶黄色，成大株抱心，如六合菊花心；另一种外叶绿，心叶黄色，成大株抱心，如徐州菊花菜。此外，还有黑心瓢儿菜、普通瓢儿菜、高淳瓢儿菜等品种。

乌塌菜　　　　　　　　　　　油塌菜

　　安徽乌菜　安徽地方品种。安徽乌菜品种繁多，总体特性：全株暗绿色，叶柄宽而短，叶片厚、有褶皱和刺毛、外叶塌地生长、心叶有不同程度的卷心倾向。安徽乌菜非常耐寒，能露地越冬。代表品种有黄心乌，其外叶暗绿色、叶塌地，叶成熟时变黄、卷为圆柱，十分美观，品质嫩，口感佳。黑心乌，其植株较大，成熟时心叶不变黄，品质较优。此外，还有宝塔乌、柴乌、白乌、麻乌等。

【选购技巧】

　　选购乌塌菜注意"二看一闻"。一看叶子，挑选乌塌菜时，认真观察其叶片，品质较佳的乌塌菜叶子相对扁平、短、厚、暗绿色、褶皱明显且有刺毛。最外层叶向外生长，心叶有一定卷曲。一般来讲，卷度较高的乌塌菜口感较好。二看时节，春季、冬季乌塌菜口感较好，较新鲜。因为乌塌菜是一种比较耐寒的蔬菜，春冬两季乌塌菜所含糖分汁液较多。一闻气味。香气清新、味深厚的乌塌菜，所含糖分比较高，较新鲜。

※安全食用小贴士※

乌塌菜，富含膳食纤维、钙、铁、维生素C、维生素B_1、维生素B_2、胡萝卜素等，又以经霜雪后味甜美而备受欢迎，被视为白菜中的珍品。但《中药典》记载，乌塌菜具有滑肠通便之功效，专家提醒，胃虚泄泻者不宜多食。此外，乌塌菜叶片多有皱褶，皱褶内污染物不容易清洗干净，且雪打过的乌塌菜，空气污染物很可能随雪残留于叶片中，食用前一定注意清洗干净。

【家庭贮藏方法】

乌塌菜茎叶肥嫩鲜美，营养丰富，口感清爽，是秋冬百姓喜爱餐桌的绿色菜品之一。乌塌菜相较苋菜、生菜、菠菜等耐贮，但乌塌菜采摘后易黄化、衰老、长期贮藏（超5~7天）也易发生腐烂。家庭贮藏可选用保鲜袋，保鲜膜封装冷藏，即将乌塌菜去除黄叶及根部不可食用部分（留少许），清净泥沙以保鲜袋或保鲜膜封装好，置冰箱冷藏，可贮藏1周左右。如想更长久贮藏可采用冻藏。特别在北方冬天缺少绿叶菜的季节，冷冻贮藏乌塌菜更是秋冬季餐桌上的绿叶菜佳品之一。冻藏具体如下：去除黄叶及根部等不可食部分，将其泥沙灰尘等清洗干净。修整、切分［保持叶柄基部不散（整棵乌塌菜）或切除叶柄基部1.5 cm］后，再切成段（切段乌塌菜），烫漂1～2分钟（整棵不超2分钟，切断不超1.5分钟）。进一步冷却→沥水→摆盘→速冻（卧式平板冻结容器）→包装→冻藏（张欣等，2006）。

小白菜

（十字花科芸薹属植物）

小菜清火解烦，诸事高枕无忧

小白菜，白菜（*Brassica rapa* var. *glabra*）的变种之一，十字花科芸薹属，二年生草本植物。别名青菜、油菜、鸡毛菜。常全株无毛，基生叶，倒卵状长圆形至宽倒卵形，或叶下中脉上少数刺毛。叶顶圆形，外叶绿色。《本草纲目》记载，白菜原名为"菘"，因为其色青白，故又称白菜。

小白菜

据研究，白菜（大白菜或结球白菜）、小白菜和芜菁均由油菜栽培演化而来。因此，古时"菘"是泛指白菜一类的蔬菜。《唐本草》中记有三"菘"，至宋时已正式称为白菜。小白菜原产于中国，我国长江以南地区为主要产区。

【中医学理论】

味甘，性平、微凉，无毒，入肺、胃、大肠经

民间有俗语，"三天不吃青，肚里冒火星"。中医学认为，小白菜可清热解毒、利肠胃利尿、生津止渴、祛瘀消肿散结。主治肺热咳嗽、口渴、便秘、胸闷、腹胀、丹毒及疮等症。《名医别录》称，白菜可通利肠胃，除胸中烦，解酒渴。《本草食疗》称，治消渴，又消食，亦少下气。现代科学研究，小白菜含维生素B_{12}、矿质元素钙、磷，可促进新陈代谢和骨骼发育，增强机体造血功能。含维生素C、维生素B_1、维生素B_6、泛酸等，可缓解精神紧张，预防坏血病，增加机体对感染的抵抗力。含有抗过敏的维生素，有助于荨麻疹的消退。此外，白菜中的纤维素可润肠、促进排毒，促进人体对动物蛋白质的吸收。

【主要营养功能性成分】

小白菜含蛋白质、粗纤维、碳水化合物、酸性果胶、钙、磷、铁等矿物质及多种维生素。小白菜是蔬菜中含矿物质和维生素最丰富的菜。钙、维生素C和胡萝卜素含量均高于大白菜（李方远，2015；王烨，2015）。此外，小白菜中还含有氨基酸、有机酸、莱菔硫烷、异硫氰酸盐、吲哚类化合物、抗氧化酶等风味成分及抗氧化功能成分（宋廷宇等，2007；周敏等，2021）。

【分类及品种推荐】

小白菜按采收时令可分为秋冬白菜、春白菜和夏白菜。秋冬白菜，又称为二月白菜、早白菜，是一类秋冬季采收的普通品种，在我国江南地区栽培面积最大。其株型直立或束腰，根据叶柄色泽分为白梗类型和青梗类型。白梗类型如南京矮脚黄；青梗类型如上海矮箕。春白菜，指春季播种的白菜，我国各地均有栽培，植株多开展，少数直立或微束腰。根据抽薹早晚和上市期分为早春菜和晚春菜。早春菜有南京亮白叶、无锡三月白等白梗品种；杭州晚油冬、上海三月慢等青梗品种。晚春菜有南京四月白、杭州蚕白菜等白梗品种；上海四月慢等青梗品种。夏白菜，又称为火白菜、伏菜，夏秋高温季节栽培，介于夏、秋之间上市。代表品种有上海火白菜、广州马耳白菜等。

南京矮脚黄 小株型直立，叶片近圆翠绿，叶柄深阔而短，白玉色。株形束腰，基部大，较紧凑。脆嫩多汁，味甜，易煮烂，品质好。

上海三月慢 上海地方良种。叶柄浅绿色，色泽鲜嫩，生长旺盛，耐寒，是春季上市的好品种。

上海五月慢 上海地方品种。叶柄部肥厚，纤维含量少，营养素丰富，品质较好。

上海青 上海地方品种。叶碧绿色，茎白色，类葫芦瓢儿。植株整体较矮，但营养物质丰富。

夏冬青J 上海市农业科学院园艺所选育的青菜杂交一代品种，1990年通过上海市科学技术委员会组织的技术鉴定。株型矮、直立，叶椭圆绿色，叶柄浅绿色，粗纤维少，品质优良。

※安全食用小贴士※

　　小白菜性平、味甘、无毒，一般人群均可食用。中医学认为脾胃虚寒、大便溏薄者、易痛经或痛经期女性少食或忌食。此外，服用甘草、苍白术时，忌食白菜。最后，小白菜在生长过程中易受环境污染，注意从正规渠道选购，食用时确保清洗和烹饪充分。

【家庭贮藏方法】

　　小白菜相比大白菜（结球白菜）不耐贮，叶片顶部容易失水枯黄或腐烂变质，致使食用品质下降或丧失食用价值。因此，以即食即购为宜。小白菜的家庭贮藏方法有以下3种。

　　（1）常温保存。去除黄枯叶，于常温环境下保存时，可存放1～2天。

　　（2）冰箱保存。以保鲜膜封装，置于冰箱冷藏，可存放约7天。

　　（3）焯水保存。可将新鲜的小白菜在沸水中焯3～5分钟，取出放凉，挤干水分，放入保鲜袋中，于冰箱中冻藏，食用时无须解冻。

结球叶菜篇

餐桌上的食疗本草（叶菜）
　　——叶菜的食药用价值、营养功能成分及食购贮攻略

餐桌上的食疗本草（叶菜）
　　——叶菜的食药用价值、营养功能成分及食购贮攻略

大白菜

（十字花科芸薹属植物）

菜中最"鲜"品

大白菜，十字花科芸薹属白菜（*Brassica rapa var. glabra*）亚种之一，二年生草本植物，与小白菜同属。别名黄芽白、菘（古称）。大白菜株高可达60 cm，基生叶多数，大形，倒卵状长圆形至宽倒卵形，顶端圆钝，边缘波状皱缩，叶柄白色，扁平，直立，淡绿色至黄色。

大白菜

【中医学理论】

味甘，性平、微寒，入肠、胃经

俗语讲"肉中就数猪肉美，菜里唯有白菜鲜"。白菜是中国老百姓餐桌上常见的菜品，其味鲜，生食口感脆甜，清热解毒，除烦降腻，深受喜欢。在《本草纲目拾遗》记载，白菜别种黄芽菜"甘温、无毒、利肠胃、除胸烦、解酒渴、利大小便、和中止，冬汁尤佳"。中医学认为，大白菜可治消渴、消食、解酒渴功效。《本草求真》记载，"飞丝入目，白菜操（搓）烂帕包滴汁二三点入目出。漆毒生疮，用白菘叶捣烂涂之即退"。（友情提示，注意卫生）。古医药方典籍记载了很多与白菜有关的方剂，如白菜加葱白、生姜熬汤，治风寒感冒等。

【主要营养功能性成分】

大白菜与小白菜同属，其营养成分基本相同，主要营养成分有可溶性糖、可溶性蛋白质、胡萝卜素、烟酸、维生素B$_1$、维生素B$_2$、维生素C、钙、镁、铜、锌、铁、锶及硫氰酸根等营养成分（李方远，2015；张德双等，2004）以及硫代葡萄糖苷（李娟等，2005）、有机酸、氨基酸等功能性成分。大白菜的可溶性糖和维生素（除维生素C）含量略高于小白菜，口感更为绵、软。大白菜营养成分中占比较高的粗纤维（膳食纤维），可刺激肠胃蠕动，起到润肠、助消化、促进排泄，预防和缓解便秘的功效。对预防肠道疾病有良好作用。此外，大白菜的高水分含量，以及少量维生素和矿质元素，对于气候干燥地区，特别在秋冬季节，多吃能很好地补充身体所需的水分、维生素和矿质元素。

【分类及品种推荐】

目前，相关学者将大白菜列为芸薹种中大白菜亚种，在大白菜亚种中分为散叶、半结球、花心和结球4个变种。

娃娃菜 有些北方的消费者容易把娃娃菜和普通大白菜混为一谈，认为娃娃菜是年幼的普通大白菜。根据资料，娃娃菜与大白菜同为十字花科蔬菜，属白菜亚种，是从日本引进的一种蔬菜新品种。娃娃菜富含维生素A原、维生素C、B族维生素、钾、叶酸等。娃娃菜形态上比白菜小，菜叶面呈黄绿色、叶面皱缩严重、内叶呈嫩黄色、花纹小巧精致。娃娃菜相比白菜口感更为软嫩，味道更为清新甘甜（汤红芳，2021）。

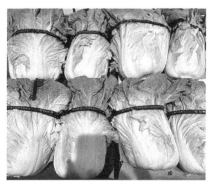

大白菜　　　　　　　　　　　　娃娃菜

泰安黄芽白菜　相传泰山脚下的白菜，明清时便是朝廷贡品。泰安白菜分为黄芽和青芽等23种，其中以黄芽品质尤佳。泰安黄芽白菜，菜帮薄，快熟，易烂，菜汤白郁如奶，鲜味特殊，备受人们青睐，是泰安市优良传统蔬菜之一。分别于2013年、2014年入选全国名优特新农产品目录和注册国家地理标志证明商标。泰安黄芽白菜干物质≥5%，维生素C≥150 mg/kg，可溶性蛋白≥1.2%，可溶性糖≥1.2%，有机酸≤0.2%，粗纤维≤1.5%（焦娟等，2020）。

紫白菜　一种少有的珍贵品种，紫甘蓝与优品白菜杂交育种而成（非转基因）。其主要特点是口感鲜脆多汁，有淡甜香味，易烂绵滑，更适合生吃，商品性佳。紫白菜含蛋白质、粗纤维、维生素，以及硅、锰、锌、硒等多种微量元素。紫白菜还含有丰富的花青素、钙、维生素C、维生素E等，对治疗骨质疏松、糖尿病等有帮助，并有提高免疫力、防癌抗癌的作用。

【选购技巧】

优质的大白菜一般菜叶新鲜、嫩绿或嫩黄（娃娃菜），菜帮洁白，结球较紧密、结实，无病虫害，味道清新无异味。挑选时不仅要注意菜叶菜帮质地、色、味，还要注意菜根部分是否有腐烂迹象。有一些喷施过防腐剂的白菜，色泽鲜艳，经长距离运输外表看似完好，但菜心内部可能已腐烂变质，此类菜要留意观察菜叶颜色是否正常以及菜根部是否有异味（白菜整株喷洒防腐剂的情况少，一般只少量喷洒于根部，致根较硬）。此外，白菜菜帮表面常生有黑色斑点，多由于栽培过程中施肥不当或有病虫害侵害，目前未发现食用安全问题（贾婷，2016）。当白菜受蚜虫侵袭也会在白菜叶上留下黑色的粉末状物质，食用前清洗掉即可，不影响食用安全。

【家庭贮藏方法】

大白菜一般规模化贮藏方法有露地贮藏、堆藏、窖藏、假植贮藏、冷库贮藏、强制通风贮藏等。随着保鲜技术的发展，出现一些先进的智能化贮藏方法，有气调贮藏、减压贮藏、臭氧保鲜等（王秀英等，2020）。

适合家庭的贮藏方式有2种：常温贮藏和冰箱冷藏。在我国北方地区常温贮藏比较普遍，因为气候相对干燥，菜不容易腐烂，但是会损失部分水分。这时可适当修整叶球，摘去烂叶（可保留白菜干黄外叶），于通风良好，阳光充足环境下，加速伤口愈合，并使外叶自然风干后形成保护膜（防止叶球水分流失，降低损耗），后置阴凉处贮藏。而日常生活中，城村家庭利用冰箱短期贮藏菜类是最常见的，特别在温度高和湿度大的南方地区。

研究表明，冷藏不仅能有效降低大白菜的水分损失速度，而且可有效抑制叶绿素降解相关酶的活性，从而降低叶绿素等营养物质的贮藏损耗。具体方法为，将大白菜、娃娃菜剔除破、损、烂叶片，以保鲜袋（膜）封好，入冰箱冷藏，娃娃菜贮存期可达30天，大白菜20天（除去少量顶部叶片贮存期可更长）。

※安全食用小贴士※

白菜虽然营养多汁，富含膳食纤维，利好肠胃，能很好地补充身体所需的水分，以及部分维生素和矿质元素。《本草纲目》记载，"气虚胃冷人多食，恶心吐沫"。《日华子本草》记载，"多食好皮肤风瘙痒"。因白菜性甘、微凉，且富含膳食纤维，婴儿不宜多食，脾虚、常腹泻以及胃寒的人群，更不宜多量生食，另有发皮肤瘙痒者忌食。①婴儿，婴儿的消化系统发育不完善，大量喂食白菜可能对消化系统产生一定的损害。②脾虚泄泻及胃寒患者，中医讲的脾虚泄泻，是由脾气虚、病后过服寒凉、饮食失节、劳倦伤脾所致之泄泻。白菜微寒，易损伤脾胃之阳气，加重病情。同样加重胃寒病症。③常腹泻的患者，白菜利好肠消化的特性，可能加重腹泻。④生理期女生，偏凉食品对处于身体免疫力较弱生理期的女性，不利健康，可能引发或加重经痛症。

甘　蓝 （十字花科芸薹属植物）

耐寒耐贫"不死菜"，吃赏皆佳

　　甘蓝（*Brassica oleracea* var. *capitata* L.），十字花科芸薹属，二年生草本植物。别名包心菜、卷心菜、包菜、圆白菜等。全株被粉霜、矮且粗壮。一年生茎不分枝，绿色或灰绿色。基生叶质厚，层层包裹成球状体，乳白色或淡绿色；二年生茎有分枝，基生叶及下部茎生叶长圆状倒卵形至圆形、顶端圆形，基部骤窄成叶柄（极短有宽翅），边缘波状有不明显锯齿；上部茎生叶卵形或长圆状卵形，基部抱茎；最上部叶长圆形，抱茎。果实为圆柱形，两侧稍扁，为种子繁殖（李建秀等，2013；崔小伟等，2011）。甘蓝因可作蓝靛染料而得名，又因叶呈蓝绿色，故又称蓝菜。原产于地中海，16世纪中叶传入中国。早在4 000多年前，甘蓝就

甘蓝

已经是古希腊罗马人餐桌上的美味。甘蓝与其他蔬菜不同的是可过冬而不死，翌年春天仍能继续生长。此外，甘蓝较耐贫瘠，据说在欧洲相当贫瘠寒冷的白垩岩上也可以生长，因此得名"不死菜"。甘蓝既可作蔬菜栽培，也可用于科普教学活动及观赏栽培。

【中医学理论】

味甘，性平，无毒，入肝、胃经

《本草纲目》记载，释名蓝菜。具清利湿热黄疸，散结止痛，填髓脑，利脏腑，明耳目，通经络中结气，去心下结伏气。孙思邈言：主治消化道溃疡疼痛，关节不利。《本草拾遗》记载："补骨髓，利五脏六腑，利关节，通筋络，中结气，明耳目，健人，少睡。治黄毒者，煮作菹，经宿渍，色黄，和盐食之，去心下结伏气"。《中医药膳》在食疗药膳中描述，甘蓝，清利湿热，散结止痛，益肾补虚。主治湿热黄疸，消化道溃疡疼痛，关节不利，虚损。食用方法：绞汁饮，200～300 mL；或适量拌食、煮食内服。此外，王艺蓉等（2022）、丁琳等（2023）研究报道，甘蓝菜嫩芽可改善2型糖尿病的胰岛素阻抗。时霄霄等（2015）研究报道，甘蓝叶的浓汁可用于治疗胃及十二指肠溃疡（注：以上最新研究发现，不可自行临床药用）。

【主要营养功能性成分】

根据现代科学研究，甘蓝富含丰富的粗蛋白质、糖类、膳食纤维、钙、磷、铁、维生素A、维生素C、维生素B_1、维生素B_2。甘蓝含有一些硫化物，是十字花科蔬菜的特殊成分，具有防癌作用。《中药大辞典》记载，甘蓝含菜油甾醇和去氢菜油甾醇。何娜等（2013）和杭园园等（2019）报道，甘蓝中含有叶绿素、黄酮类、酚类化合物、γ-氨基丁酸、抗氧化成分，如紫甘蓝的花青素（蒋振辉等，2003）以及花色苷（如矢车菊素）等功能性成分。王丹等（2020）报道，甘蓝中含10余种挥发性风味物质，有醇类、酯类、醛类、烷烯类、硫化物，如硫醚、异硫氰酸等。此外，据报道，甘蓝还含有少量抗溃疡因子。

【分类及品种推荐】

甘蓝分很多类型。依叶形和颜色不同，可分为普通结球甘蓝、皱叶结球甘蓝、紫叶结球甘蓝。依叶球形状不同可分为尖头甘蓝、圆球甘蓝和扁球甘蓝。此外，还有羽衣甘蓝、抱子甘蓝等（注：以上以农技人员经验分类，仅供参考）。

鸡心甘蓝 植株矮小、较直立，叶球呈心脏形、顶部尖细、内短缩茎，结球不太紧实，品质好。

牛心甘蓝 植株较大、蓝绿色，叶球牛心形、顶圆锥形、中心柱粗短、结球较紧实，品质中等。

报春甘蓝 植株中等大小，外叶深绿色，叶球近网球形、中心柱高、结球紧实，品质好。

8398甘蓝 中国农业科学院蔬菜花卉研究所育成，早熟丰产优质的春甘蓝杂交种。耐寒性强，不易发生未熟抽薹，抗干烧心病，风味品质优良。植株中等大小，外叶深绿色，叶球网形、结球紧实，品质佳。

紫甘蓝 又称红甘蓝、赤甘蓝、紫包菜，结球甘蓝种中的变种。叶片紫红色、叶面有蜡粉，叶球近圆形。紫甘蓝的主要特点是叶片中花青素含量或比例较高。此外，还富含碳水化合物，蛋白质、叶酸、抗坏血酸、维生素A、生育酚等维生素，以及铜、铁、硒、钙、锰、锌等矿物质。

羽衣甘蓝　别名叶牡丹、牡丹菜、花包菜、绿叶甘蓝等。甘蓝的变种之一（叶剑秋，2015）。叶宽大呈大匙形、叶片平滑无毛、边缘有细波状皱褶，具有色叶脉，柄粗而有翼，种子球形、灰棕色，采收期较长。主要品种有波叶类，如鸽子；皱叶类，如千鹤；羽叶类，如孔雀（Peacock）；切花类，如日出和日落。可观赏可食用。食用部位主要为嫩叶，可炒食、凉拌、做汤、火锅或腌渍（谢伟平等，2009）。

抱子甘蓝　别名小圆白菜、小卷心菜、芽卷心菜、芽甘蓝等。被粉霜，茎粗壮直立，茎叶腋生有大而软叶芽，原产于地中海沿岸（陈锦秀等，2015）。以食用植株腋芽中鲜嫩小叶球为主。小叶球形状珍奇、鲜嫩、风味独特、营养丰富，蛋白质含量居结球叶菜之首（刘琴等，2018）。

尖头甘蓝

紫叶结球甘蓝

普通结球甘蓝　　　　　　　　扁头甘蓝

羽衣甘蓝　　　　　　　　抱子甘蓝

【选购技巧】

优质甘蓝水分比较足，结构紧凑，拿在手上感觉比较沉，吃起来的口感会更好。而劣质的甘蓝手感比较轻，吃起来感觉汁液不足，口感较差。另外选购时，注意看外表。优质甘蓝看上去鲜艳而有光泽，粉霜遍布且明显，而劣质甘蓝，颜色比较暗淡，无光泽，粉霜少或近无。

【家庭贮藏方法】

甘蓝相对其他蔬菜耐贮，一般春季、秋季、冬季家庭贮藏以室温为主。品质良好，采收时叶球无损伤，室温下春季、秋季、冬季可贮藏3～10天，夏季可贮藏3天左右。如需更长时间贮藏可采用以下3种方法。

纸包常温贮藏 在室温条件下，如想保存时间更久，可将甘蓝的中心柱切下，用湿纸填充装入保鲜袋，在夏天可延长3～4天。

冰箱贮藏 可整颗或半颗或1/4颗于冰箱冷藏。但切割过的甘蓝保质期会大幅缩短。

煮熟后贮藏 将甘蓝煮熟后冷冻贮藏，贮藏期可达1个月。此法既简单，贮藏期也长，是现在大多数加工厂用来加工甘蓝的方法。但需要注意，此种方法，需要先脱水，否则冷冻过程中形成冰块可刺破甘蓝，影响品质。另据邹琼（2019）研究报道，紫甘蓝微冻贮藏的最佳保鲜工艺为：贮藏温度-3℃、切片大小为30 mm×40 mm、冻结速度为2.79 cm/h。以此保鲜工艺冻贮的紫甘蓝，解冻后色泽正常、气味清香、味道清淡爽口，汁液流失率仅为0.92%，且各项指标均理想。

※安全食用小贴士※

　　甘蓝是菜品中抗癌功效较为突出的蔬菜，老少皆宜。但因性偏冷，食用时应稍加注意。古有，唐孙思邈言：久食，虚损，人多睡。又曰，其叶使人不思睡，其子使人多睡。《本草汇言》曰，"性冷，虚寒人及久泻者勿用"。现代科学实践证实，甘蓝富含膳食纤维和含硫化合物，易产气，食用过多可能引起肠胃过度蠕动，进而加重腹泻和肠道虚弱的人群病情。另，有皮肤瘙痒性疾病、眼部充血者忌食，小儿脾弱者不宜多食。若胃溃疡特别严重时应忌食。此外，正在服用特定药物的患者也需注意，甘蓝中一些化合物可以与药物产生不良反应。

　　甘蓝在食用前，注意剥除最外叶衣，清洗干净，检查结球内部是否有虫卵及污垢等。紫甘蓝因含有花青素，遇热易变黑，烹调时，可以少许白醋护色。实际上，紫甘蓝既可以生食，也可炒制，但为保持其营养成分，以生食为佳，如切丝凉拌，或与其他果蔬混做蔬果沙拉、泡菜等，但肠胃不好的人群不宜生食。因甘蓝的富含抗氧化等功能成分，近年来科学家们正在进行甘蓝饮料和甘蓝泡菜制品的研发。

花椰菜 （十字花科芸薹属植物）

天赐的良药，穷人的医生

花椰菜（*Brassica oleracea* var. *botrytis* L.），十字花科芸薹属，二年生草本植物，由野生甘蓝演化而来，是其变种之一。别名花菜、菜花、椰菜花、开花菜等。植株被粉霜，茎直立、粗壮、有分枝，基生叶及下部叶长圆形至椭圆形、灰绿色、开展、全缘或具细牙齿，茎中上部叶较小且无柄、长圆形至披针形、抱茎，花芽密集成的肉质头状，不耐热干和霜冻。原产于地中海沿岸，史料记载约19世纪初引入中国。民间相传，清末无锡有女名"兰秀"，美丽清秀，不幸患皮肤病，皮肤疖疮累累、流脓、久治不愈。因梦见花椰菜，便试摘取鲜花椰菜炒食，而病渐愈，因此，花椰菜治皮肤病法在民间流传开来。

花椰菜

【中医学理论】

味甘，性平，入肺、肝、脾、肾、胃经

据相关食药资料记载，花椰菜具健脾养胃，生津止渴，抗癌保肝等功效。可补肾填精、健脑壮骨、补脾和胃、爽喉、润肺、止咳、也有清热，利尿通便等功效。主治久病体虚、肢体痿软、耳鸣健忘、脾胃虚弱、小儿发育迟缓等病症。适宜于口干咽燥，肺脾胃虚弱、消化不良，疲倦无力，患肝炎或癌者食用。《中华饮食养生全书》言：花椰菜可消食健胃、生津止渴、抗癌。《老中医话说食疗养生》言：能健脾益胃，缓急止痛。《饮食本草养生》言：能防骨质疏松、爽喉、润肺、止咳。以菜花、鲜蘑、牛奶、鲜汤、盐、味精、湿淀粉为原料，制牛奶菜花食用，治老年性痴呆、遗忘、骨质疏松等。《素食养生常法》言：以素炒菜花，佐餐食用，可清热解毒、润肺止咳、增食欲，治热火旺、咳嗽痰多、食欲不振。《中国民间饮食宜忌与食疗方》言：以番茄汁花菜，可健胃消食、补肾益脑。

【主要营养功能性成分】

花椰菜营养丰富，含蛋白质、脂肪、碳水化合物、膳食纤维、胡萝卜素、多种维生素以及钙、钠、铜、磷、铁、硒等矿质元素。其中，钙含量较高，堪与牛奶媲美。维生素C和维生素K含量较高，也是类黄酮含量较多的蔬菜之一（司春杨等，2008；徐玉红，2018）。根据现代科学研究，花椰菜含有胡萝卜素类、黄酮类、酚酸类（Lin et al.，2005；马蓉等，2020）、硫代葡萄糖苷、吲哚类、芥子油苷等功效成分，其中抗癌活性最强的4-甲基硫氧丁基芥子油苷，其水解产物莱菔硫烷是迄今为止在蔬菜中发现的抗癌活性最强的成分之一（李占省，2012）。此外，孙勃等（2010）、邓雪盈等（2017）研究报道，花椰菜叶片中还含有硫代葡萄糖苷、多酚、维生素C、叶绿素和类胡萝卜素等抗氧化成分。

【分类及品种推荐】

花椰菜依据花球松紧度，分为松花菜和紧花菜。依据花球颜色，分为白色花椰菜和彩色花椰菜。我国常见花椰菜类型为白色紧花型和白色松花型。白色紧花型又叫白花菜，南北均可种植。白色松花型又叫松花菜。其梗长，花层薄，口感脆嫩香甜（孟秋峰等，2020）。彩色花椰菜包括紫色、黄色和淡绿色宝塔花椰菜。宝塔花椰菜是花椰菜的一个变种，国外引进品种，可食也可观赏。丁云花等（2016）研究报道，松花菜的营养物质含量高于紧花菜，但紧花菜品种间营养成分变异程度低。而彩色花椰菜的营养成分较白色花椰菜更高（黄少虹等，2015；陈敏氢等，2022）。

极早熟品种　适宜高温栽培，花芽分化早、耐热、耐湿性强，生长期短。植株矮小，花球小产量低，代表品种有福州夏花、泰国耐热等。

早熟品种　耐热、耐湿性较强，花球中等。代表品种有津品、温州洁丰等品种。其中，津品以良好的口感和外观受到欢迎。温州洁丰，以其洁白的球茎和高品质而闻名。

中熟品种　此类品种花芽分化较晚，不耐热，耐低温。花球致密紧实。代表品种有福州80、申花3号、津学88等。

晚熟品种　此类品种不耐热，花芽分化晚，较喜冷凉气候，花球大且致密紧实。代表品种有福州100天、傲雪、荷兰83等。

紫盈一号　紫花品种。花球尖、圆头形、表面紫红色、蕾粒细。

津皇一号　黄绿花品种。球色黄绿，花蕾极细小、致密，口感极佳。兼具青花椰菜的营养和白花椰菜的产量。

白色花椰菜

紫云花椰菜　我国台湾紫花品种。株型中等稍展，蕾球圆整、微软球、细嫩紧实，蕾枝短白，品质脆甜。

翠宝塔花菜　欧洲流行绿花品种。花宝塔形、浅绿透明，蕾粒细小，维生素A和蛋白质含量很高。

紫球花椰菜　紫花品种。球半球形、球上颗粒呈紫色，从普通花椰菜中选育的品种，品质优良。

绿色花椰菜

宝塔菜

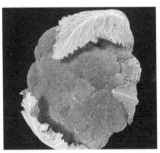

紫色花椰菜

松花型花椰菜

【选购技巧】

优质花椰菜，叶绿而挺，花球紧实、新鲜且花球表面凸凹感强、花球手感沉实。挑选花椰菜注意看花球的成熟度，花球周边如有散开，则品质较差。新鲜的花椰菜花球紧密（松花型除外）、略有弹性、软硬度适中，且花球颜色较为新鲜，表面无黑点、无他色、无毛花，花梗鲜脆嫩、看上去新鲜且干净。注意经药剂处理后的白花椰菜花球及梗颜色特别白、呈亮白色。相比而言，球大花椰菜口感相对稍好。另因花椰菜不耐长期贮藏，挑选时也应考虑食用量，以一顿食用量购入为宜。

※安全食用小贴士※

花椰菜是甘蓝的变种之一，含有甘蓝中同样容易产气的化学成分，可在肠胃中分解产气引起胃肠胀气。患胃肠胀气，消化不良者不宜过食或慎重食用。花椰菜在食用前注意剥除最外叶衣，检查结球内部有无虫卵及污垢等。因花椰菜花蕾凸凹不平，易残留农药和菜虫，烹饪前要特别注意清洗干净，最好以温水浸泡15～20分钟。花椰菜在空气中久放，易被氧化，降低食用品质和营养功能成分，因此，切开后要及时食用。另外，花椰菜烧煮时间不宜过长，否则可能损失和破坏部分营养和功能性成分。

【家庭贮藏方法】

花椰菜与甘蓝相比，不耐贮藏，容易出现褐色斑点、发生腐烂，或失水萎缩等，一般以即食即购为宜。家庭贮藏有以下3种方法。

室温贮藏 将花椰菜以保鲜膜或袋密封，于室温下贮藏，可贮藏3天。

保鲜膜冷藏 用保鲜膜封好暂放冰箱冷藏，此法可贮藏3~5天。

煮后冷藏 将花椰菜花球分成小朵，在开水中焯熟，过凉水冷却。捞出晾干后以保鲜袋封，放入0℃冰箱内。此法可保存6~8周（注意此方法不适于西蓝花，且此法贮藏后口感较硬）。

芥 菜 （十字花科芸薹属植物）

用最冷漠的外表，诉说最长寿的故事

芥菜［*Brassica juncea*（L.）Czern.］，十字花科芸薹属，一年生草本植物。别名盖菜、芥、挂菜。芥菜的变种雪里蕻、榨菜等在中国的腌制菜中独占鳌头。全株常无毛、有时幼茎及叶具刺毛、带粉霜、有辣味，茎直立多分枝，基生叶宽卵形至倒卵形、顶端圆钝、基部楔形、大头羽裂或不裂、边缘均有缺刻或牙齿，茎下部叶较小、边缘有缺刻或牙齿、不抱茎，茎上部叶窄披针形、边缘具不明显疏齿或全缘，角果线形，种子球形、紫褐色。

因芥菜气味辛辣，有介然之
义，所以称为"芥菜"（朱
为民，2016）。芥菜是中国
的特产蔬菜，欧美极少栽培
（李春深，2018）。芥菜含
有丰富的维生素，在中国台
湾地区，被誉为"长寿菜"
（郭凡剑，2011）。有趣
的是，虽然芥菜营养价值很
高，但其花语却很"冷漠"

芥菜

（钟秀媚，2003），这或许也说明，芥菜的独特风味（特别是叶
用芥菜）也不是所有人都喜爱的。

【中医学理论】

味辛，性温，无毒，入肺、胃、肾经

芥菜其药用价值在中国古籍多有记载，如中国《食疗本草》
和《本草纲目》。其中《本草纲目》中记载，芥菜，能通肺豁
痰，利膈开胃（周俭，2012）。《食疗本草》言：主咳逆，下
气，明目，治头面风。《隐息居饮食谱》言：补元气，利肺豁
痰，和中通窍，腌食更胜。《中华藏本草》记载，以种子治胃寒
吐食，心腹疼痛，腰痛肾冷，痈肿。《蒙药正典》记载，以种子
治胸肋胀满，咳嗽气喘，痰核、寒痰不化，阴疽等；醋调外敷治
肿毒、关节痛等。芥菜用于炒食，煮汤时，风味独特，有一种特
殊的香气，可促进人体的新陈代谢（南远顺，2016）。刘琳等
（2018）研究报道，芥菜还具有预防便秘、解毒消肿、抗感染以
及促进伤口愈合的功效。

【主要营养功能性成分】

芥菜营养价值高，含有人体所需的碳水化合物、蛋白质、脂肪、矿物质、维生素，矿质元素钙、磷、铁等营养成分以及多种多糖、类胡萝卜、叶绿素、原花青素、类黄酮和多酚类等功能性成分（刘琳等，2018）。其中，维生素C、钙、磷、铁的含量较高（邓英等，2010）。芥菜茎、叶、种子及花球中均含有莱菔硫烷，这种化合物为十字花科植物抗癌成分中抗癌活性最强的物质。国外研究报道，莱菔硫烷，对预防癌症有一定的功效，如肺癌、乳腺癌、肝癌、结肠癌、胃癌（Conaway et al.，2005；Hu et al.，2006；Kaminski et al.，2010）等，其在抗癌新药开发与流行病学研究方面有一定的应用价值（Annabi et al.，2008；Evans，2011；李占省等，2016）。芥菜中含有芥子苷属硫代葡萄糖苷类化合物，此类化合物经酸或酶水解后生成具辛、微苦类物质（李娟等，2006），可提升食欲，由此芥菜即成为加工酸菜、泡菜、菜干等的重要原料（金伟林，2014；朱文斌，2022）。芥菜中还含有酯类、酸类、醇类、醛类、酮类、烃类、腈类、杂环类、硫化物和其他10余类近70种挥发性风味化合物（陈艳等，2019）。

【分类及品种推荐】

芥菜依据食用部分不同分为叶芥、茎芥和根芥（朱文斌，2022）。叶芥菜变种最多，类型有大叶芥、小叶芥、花叶芥、叶瘤芥、结球芥、分蘖芥等，品种繁多，鲜食和加工均可，如广东潮汕地区，通常以包心芥菜加工成咸酸菜；惠东、梅州等地区，习惯将叶芥菜加工成梅菜干；增城、电白等地区，南风芥、水东芥比较受人们喜爱。茎芥菜是由其茎膨大呈瘤状或棒状，是生产加工榨菜的主要原材料，产量和销量最大，市场发展空间大。但变异类型和种植范围不及叶芥。根芥菜俗称"大头菜"，利用肉质根部分种植。根芥菜的球根味道辛辣，不适合鲜食，一般都是腌制加工成咸菜。

南风芥　大叶芥品种。农家品种。叶长卵形、浅绿色、叶缘浅锯齿状，叶柄扁窄、淡绿色、纤维少，微苦、品质好。

竹芥　小叶芥品种。叶浅绿色、叶面平滑、叶脉明显、叶缘微波状、基部锯齿状、具短柄，纤维少，质嫩，无苦味，品质优。

番坪种包心芥　广东汕头地方结球芥品种。叶阔卵圆形、黄绿色、叶面多皱、叶缘具锯齿，芥辣味淡、熟食略带甜味。

水东芥　鸡心叶芥品种，也称"彭村芥菜"。广东电白特产，中国国家地理标志产品。以爽脆可口、质嫩无渣、鲜甜味美著称。

梅菜　大叶芥菜品种。主产地梅州、惠州地区，相传为梅仙姑送的菜种，故叫梅菜，是该地区特色传统腌制名菜，岭南三大名菜之一，也是客家饮食文化的重要组成。梅菜又名富贵菜，历史悠久，有着1 000多年种植历史，曾为宫廷贡品。梅菜食用方法多样，做佐餐和配料烹调均可。以梅菜作配料制成菜品，更是多种多样，如梅菜扣肉、梅菜蒸鱼、梅菜焖鸭、梅菜蒸排骨、梅菜肉汤等菜肴。

茎用芥菜　茎膨大为产品器官的芥菜类，鲜销加工均宜，包括茎瘤芥（榨菜）、笋子芥（棒菜）、抱子芥（儿菜）。其中，榨菜是以膨大的瘤状茎为食用器官，如"涪陵榨菜""余姚榨菜""斜桥榨菜"。棒菜是中国特产蔬菜之一，茎和叶均可食，但以鲜嫩茎为主（陈材林等，1990）。

根芥菜　俗称"大头菜""疙瘩菜"，根用芥菜类变种之一。有圆锥形和圆柱形2种类型。肉质根肥大，呈圆锥形或圆柱形。品种有济南辣疙瘩、淄博辣疙瘩、四川内江马尾丝等。

※安全食用小贴士※

《本草纲目》记载，芥菜"久食则积温成热，辛散大盛，耗人真元，肝木受病，昏人眼目，发人痔疮"。因此，芥菜性温，味辛，阴虚火旺者食用，可能会导致病情加重。当患有痔疮的时候，也不可以长期吃芥菜，以免积温成热，导致痔疮加重。芥菜过敏者应禁忌食用，食用可能出现红肿、皮疹等不良反应，严重者会出现过敏性休克。因芥菜以腌制品为主，多盐饮食不利于高血压以及血管硬化患者健康，此类人群应忌食或少食芥菜的腌制品。

三

香辛叶菜篇

餐桌上的食疗本草（叶菜）
　　——叶菜的食药用价值、营养功能成分及食购贮攻略

餐桌上的食疗本草（叶菜）
　　——叶菜的食药用价值、营养功能成分及食购贮攻略

韭　菜

（石蒜科葱属植物）

百菜之王，洗肠草

韭菜（*Allium tuberosum Rottler ex Spreng.*）石蒜科葱属，多年生草本植物（高长玉等，2011）。别名韭、山韭、扁菜等。传说刘秀因"救菜"造字"韭"而得名"韭菜"。韭菜具倾斜的横生根状茎、鳞茎簇生、近圆柱状、网状纤维质，鳞茎外皮暗黄色至黄褐色、破裂呈

韭菜

纤维状、呈网状或近网状，叶基生、条形扁平、实心、边缘平滑。原产于亚洲东南部。韭菜具特殊强烈气味，其根、茎、叶均可食用，为古代人喜欢的最美菜食之一。早在《诗经》中即有"献羔祭韭"之说。《礼记》记载，"庶人春荐韭……韭以卵"，即以蛋炒韭黄祭祖之意。韭菜炒鸡蛋现今也是百姓餐桌的常见菜品之一。又因韭菜只种一次，即可割了又长，长了又割，而得名"懒人菜"。

【中医学理论】

味辛、甘，性温，无毒，入肝、脾、胃、肾经

韭菜全草味甘、辛、性温，具有温补肝肾、强筋壮骨功效，主治肝肾不足，筋骨痿软、腰膝酸痛、屈伸不利，尿频、白浊带下等（黎跃成等，2021）。韭汁对痢疾杆菌、伤寒杆菌、大肠埃希菌、葡萄球菌均有抑制作用（黎跃成等，2021）。《本草拾遗》中记载，韭菜温中，下气，补虚，调和腑脏，令人能食，益阳，止泄白脓、治腹冷痛。《本草纲目》中记载，韭菜叶热，根温，功用相同，生则辛而散血，熟则甘而补中。饮生汁，主上气喘息欲绝；煮汁饮，止消渴盗汗。熏产妇血运、洗肠痔脱肛。《本草经疏》中记载，韭菜生则辛而行血，熟则甘而补中，主益肝、散滞、导瘀。

【主要营养功能性成分】

韭菜除含蛋白质、脂肪、碳水化合物、膳食纤维、类胡萝卜素、维生素以及矿物质如钙、磷、铁、锌、锰、硒等（连瑛等，2017；洪军等，2021）营养成分外，还含有叶绿素（徐佳宁等，2020）、可溶性糖、可溶性蛋白、多酚、类黄酮、游离氨基酸（张烨达等，2023）、大蒜素（陈震等，2022）等功能性成分。韭菜籽中含有19种氨基酸、甾醇类、甾体皂苷（Huang et al.，2020）、10余种类黄酮，其中含量较高的是金丝桃苷和山奈酚。韭菜籽中饱和脂肪酸以棕榈酸为主，不饱和脂肪酸以亚油酸和油酸为主。韭菜中共含有9种维生素，其中维生素E含量最高（茹桦等，2022；李莎莉等，2018；武丽梅，2011）。Hanif（2022）在研究韭菜叶片挥发性物质时，共检测到15类97种挥发性物质，包括醛、烃类、酯、酸、酮、醚、硫化物、生物碱、杂环聚合物、环二甲基硅氧烷、聚烯烃、糠酰和呋喃衍生物、酚类、二萜等。

【分类及品种推荐】

中国韭菜品种资源十分丰富，按叶片宽度可分为宽叶韭和窄叶韭2种类型。宽叶韭，叶片宽厚，叶鞘粗壮，品质柔嫩，香味稍淡。窄叶韭，叶片窄长，色较深，叶鞘细高，纤维含量稍多。按食用部分可分为根韭、叶韭、花韭、叶花兼用韭4种类型。根韭又名苤韭、宽叶韭、大叶韭、山韭菜、鸡脚韭菜等，主要食用根和花薹，根系粗壮肉质化，可腌渍或煮食，其肥嫩花薹和嫩叶也可食用。叶韭的叶片宽厚、柔嫩，主要食用部位为叶片和叶鞘。花韭专花薹部分供食，其叶短小粗硬，花薹品质脆嫩，形似蒜薹，风味尤美。花韭品种较多，有小叶种，其叶花兼用，品质中等；有年花韭菜，以采薹食用为主；如年花2号，其茎粗大，品质优良。叶花兼用韭的叶片、花薹发育良好，均可食用，为国内主要栽培品种。

大叶韭菜　　人工培育的新品种。大叶韭菜的香气较为浅淡，其叶片呈现三棱形。

汉中冬韭　　陕西汉中地方品种。叶片嫩绿色、质鲜嫩、纤维少，品质好，具有辛辣的浓香。

诸城大金钩　　原产于山东，其叶片为深绿色、呈现钩状、茎叶较为直立，具甜味香气，耐寒力较强。

791韭菜　　北方主栽品种。生长速度较快，叶片较厚宽条状、粗纤维少，品质好。

北京大白根　　北京地方品种。叶片呈绿色、较宽大扁平，叶鞘绿白色、较粗短、横断面扁圆形、叶肉较厚、质嫩、香味浓，纤维少，品质好。

"红根"韭菜　　也称"土扁菜"，农家自种品种。体型小，易存活。味道浓郁，但水分少，纤维含量多，韧性大。炒制口感欠佳，以提味或者拌馅为主。

【选购技巧】

新鲜的韭菜，叶色青绿，叶尖新鲜，叶片柔软略有弹性，无折痕。根部切口平整、饱满、脆嫩、无萎蔫。味浓香、无异味。韭菜有宽叶和细叶2种，可根据食用方式和个人喜好，选择类别。宽叶韭菜叶子颜色比较淡，吃起来口感好。细叶韭菜纤维比较多，味道浓郁，但是吃起来口感稍差。购买时，也要注意有无叶片发黄发黑、烂叶或者虫洞等问题。韭菜还有以根、茎、叶、花、籽为主要食用部位之分，消费者可按食用方式和个人喜好选购。

【家庭贮藏方法】

韭菜叶片柔嫩、含水量高，采后极易发生快速萎蔫、腐烂（徐晔等，2022）。新鲜韭菜也极易受气体、温湿度、微生物以及机械伤害，造成失水、滋生病害、衰老劣变、品质下降（郑秋丽等，2018），甚至腐烂变质而完全丧失食用价值。徐晔等（2022年）研究发现，以杀菌袋、保鲜袋包装均可以有效延缓韭菜衰老，维持韭菜品质。贾丽娥等（2020）研究发现，鲜切韭菜叶片失去表层保护组织，营养物质更容易流失，耐贮性差，因此，以现食现切为宜。新鲜韭菜易发生冷害，也不宜冰箱冷藏过久，以1~2天为宜。如不炒食，可切成韭菜碎冻存冰箱内，解冻后做馅食（此法解冻后有失水失汁液现象）。

　　韭菜好吃，贪吃也会惹祸端。《中药大辞典》描述，韭菜味辛、性甘，阴虚内热及疮疡、目疾患者均忌食。《重修政和证类本草》记载，唐代孟诜云，热病后十日不可食热韭，食之即发困。《随息居饮食谱》言：疟疾，疮家，痧，痘后均忌。《日华子本草》言：多食昏神暗目，酒后尤忌，不可与蜜同食。因此，胃气虚而热者宜少食忌食。疮毒患者食用，可能增加肿、痛、痒症状，病情加剧。发疟疾、生疮、痧、痘后以及醉酒者均应忌食。此外，韭菜病虫害相对比较多发，种植多用农药，购买时注意正规渠道购买，食用时注意清水浸泡半小时，除去残余农药以及泥沙。

香　菜

（伞形科芫荽属植物）

迷香久远，一身正气

　　香菜，学名芫荽（*Coriandrum sativum* L.），伞形科芫荽属，一年或二年生草本植物。别名香荽、胡荽。香菜根纺锤形、

细长、有多数纤细支根，茎圆
柱形、直立、多分枝、有条
纹、通常光滑，根生叶有柄、
叶片1或2回羽状全裂、羽片广
卵形或扇形半裂、边缘有钝锯
齿、缺刻或深裂，上部的茎生
叶3回至多回羽状分裂、末回裂
片狭线形、顶端钝、全缘，果
实呈圆球形、背面主棱及相邻
的次棱明显。原产于中亚和南
欧，或近东和地中海一带。据
唐代《博物志》记载，为张骞

香菜

出使西域得种而得名。在南北朝后赵时，令改名原荽，后演为芫
荽。香菜嫩茎和鲜叶具特殊香味，常被用作菜肴的点缀、提味之
品。据相关史料记载，香菜是世界上最早的香料之一，3 500年以
前在埃及已有栽培（陶崇华等，2015）。现今，芫荽在全世界范
围内，尤其在印度菜和泰国菜中是普遍使用的最重要的香草之一
（姚欢远，2017）。在《齐民要术》中已有栽培技术和腌制方法
的记载。

【中医学理论】

味辛，性温，入肺、脾、肝经

香菜的叶、根、茎、籽均可入药，其作为治病的良药，已有
悠久的历史。中医以全草入药，功能解表，透发麻疹，内服有祛
风、健胃功效，主治麻疹、消化不良、感冒风寒、流行性感冒、
发热头痛、痢疾下血、高血压、外用镇痛等。《本草纲目》言：

"胡荽辛温香窜，内通心脾，外达四肢，能辟一切不正之气"。
（豆子，2010）。《依合提亚拉提·拜地依》（拜地依药书）描
述，芫荽有说性具热、寒两性，也有说偏于热，具有相互矛盾的
药性。

【主要营养功能性成分】

香菜含蛋白质、脂肪、碳水化合物、胡萝卜素、烟酸、核黄
素、维生素B_1、维生素B_2、维生素C以及丰富的矿物质，如钙、
铁、磷、镁、锰、锌、铜、硒等营养成分（余婷等，2021；董高
春等，2020；邢志霞，2015）。根据李美萍等（2019）研究，
新鲜香菜共鉴定出50余种挥发性成分，其中醛、醇、酮类是香
菜的主要风味成分，包括十四烯醛、十二烯醛、癸醛、癸醇、
甘露醇、正葵醛、壬醛、芳香醇、烷烃和烯烃类等挥发性风味
物质（黄芝蓉，2000；Bhuiyan et al.，2009；隋华嵩等，2016；
李贵军等，2012），这些风味物质具有开胃醒脾的功效。香菜
茎叶及籽中含有苹果酸、脂肪酸、叶绿素、黄酮类（刘恒蔚等，
2011；王月囡等，2016）、多酚类、挥发油芦丁和绿原酸等功
能性物质。香菜籽中还含有单萜类芳樟醇，以及丰富的柠檬烯、
樟脑和香叶醇等，这些成分均具有较高的药用价值（刘艳红等，
2021）。

【分类及品种推荐】

香菜按叶片大小，可分为大叶品种和小叶品种2个类型（余
婷等，2021）。大叶品种，植株较高，叶片大、缺刻少而浅。
小叶品种，植株较矮，叶片小、缺刻深，香味浓。香菜按种子大
小可分为大粒种和小粒种2个类型。中国栽培的多属小粒种类型

（以上根据农业技术人员经验分类，仅供参考）。

北京香菜　北京特有农家小叶品种。叶片小、呈现叶缘齿牙状、叶片多为绿色、若遇低温则绿色可能会变深或带紫晕，香味浓。

莱阳香菜　山东莱阳地方小叶品种。叶片较小、羽状复叶、叶绿且柔嫩。

山东大叶香菜　山东潍坊和烟台农家大叶品种。菜叶片较大、深绿色，香味较浓，纤维少。

白花香菜（青梗香菜）　上海地方小叶品种。叶绿色或浅绿色、圆形、奇数羽状复叶、深裂，香味浓，品质优。

紫花香菜（紫梗香菜）　植株矮小，塌地生长，耐寒抗旱，市场少见。香味浓，但茎梗偏硬，多用于炒菜调味，不适宜做凉拌菜。

【选购技巧】

香菜全株（除根部入药）均可食用。挑选时，注意观察植株大小、颜色、新鲜度和气味。一般鲜嫩的香菜，植株大小适中，茎叶颜色清新有光泽，口感清新，香味浓郁。品质好的香菜水分充足、茎新鲜饱满且脆嫩略有弹性、易掐断，口感也更美味。如香菜茎秆，韧硬不宜折断，则为过熟、茎秆过老的香菜。这样的香菜往往植株较大，梗较多，纤维含量较高，口感硬，品质差。新鲜的香菜根截面较水润，如结构相对紧实，根干瘪难掐断或掰断，说明已不新鲜或是过于成熟纤维化老化香菜。此类香菜可做调料，不适于凉拌菜生食。

【家庭贮藏方法】

品质好的香菜茎叶细、柔嫩多汁，极不耐贮，叶片和茎顶极易变黄或腐烂变质，丧失食用价值。低温高湿是香菜相对适宜贮藏环境条件。家庭贮藏有以下4种方法（李健，2012）。

　　室温贮藏　选株大，叶绿，带根香菜。外包一层纸，再以保鲜膜或袋密封（注意袋口松扎），于室温下贮藏。此法依香菜品质及季节、气温不同可贮藏3～7天。

　　保鲜膜冷藏　洗净，不去根，以保鲜膜封好（封前吹入一定量空气）根部向下暂放冰箱冷藏，此法可贮藏1周左右。

　　冷冻贮藏　将香菜除去黄叶、根部，洗净，以保鲜袋或膜封装冷冻保藏。食用时不解冻，直接做调料。

　　风干贮藏　如需长期保存，而少失风味，只做调料。可将香菜去根，除去老黄叶片，摊开晾晒1～2天，后编织成辫状，挂于阴凉处风干，再以保鲜袋封装，食用时开水浸泡开即可。

※安全食用小贴士※

　　《食疗本草》记载，胡荽"味辛一云微寒，微毒……久食令人多忘。发腋臭，脚气"。"根：发痼疾"。又"不得久食，此是熏菜，损人精神"。又"久冷人食之，脚弱。患气，弥不得食"。《中药大辞典》记述，"疹出已透，将或虽未透出热毒壅滞非风寒外束者禁服。"如小儿麻疹已经透发后即不能食用。患有癌症、慢性皮肤病和眼病，以及气虚体弱和患有胃及十二指肠溃疡之人不宜多食。

葱　（石蒜科葱属植物）

万能调味品，神农"和事草"

　　葱（*Allium fistulosum* L.），石蒜科葱属，多年生草本植物。别名芤、胡葱、和事草、事菜等。鳞茎或聚生、圆柱状、稀为基部膨大的卵状圆柱形（张正雄等，2021），鳞茎外皮白色、稀淡红褐色、膜质至薄革质、不破裂，叶圆筒状、中空、向顶端渐狭。因葱的分类复杂，来源与分类尚待考证，本书所述之葱是葱属（*Allium*）中以嫩叶、假茎、鳞茎为食用部分，且品名含有"葱"的草本植物，并以本土普遍种植为主（注意，茖葱、沙葱为野生葱；洋葱、寒葱等品种归类于鳞茎类记述）。据科考研究，多认为大葱、小葱原产于中国，而洋葱等可能原产于中亚或西伯利亚一带，后传入中国各地（关于葱的历史来源尚待考证）。葱在中国有着

葱

悠久的历史，可追溯到几千年前。《诗经》中以"有玱葱珩"比喻玉之颜色。《管子》记载，约公元前681年，齐桓公北伐山戎时，冬葱作为战利品被带回齐国，得以广泛种植。饮食文化中，在我国广西一些地方，葱被认为是智慧的象征，有农历六月十六日的儿童食葱"聪明"的习俗。

【中医学理论】

味辛，性温，入肺、胃经

俗语讲："香葱蘸酱，越吃越壮"。又因日常饭菜，总不缺葱的身影，民间有"和事草"之称。葱可以促进胃液分泌，帮助消化、促进血液循环，也有兴奋作用，对流行性感冒、头痛、鼻塞等症状有辅助治疗作用。常食用葱还可降低血脂。如用葱、蒜和黑木耳一起食用，可以延缓血凝块的形成，减少一些疾病的形成。因此民间流行"葱蒜不离菜，百病生不来"之说（胡佳虎，2023）。葱的全草均可入药，且药用价值很高。《本草纲目》引《日华子本草》叶"煨研，敷金疮水入轶肿"。苏颂云"主水病足肿"。孙思邈云"利五脏，益目精，发黄疸"。《本草纲目》记载，汁"味辛，性温、滑，无毒"。"散瘀血，止衄止血、治头痛耳聋，消痔漏"。引《名医别录》"葱须，通气"。孟诜云，葱须"疗饱食房劳，血渗入大肠，便血肠澼成痔"。孙思邈在《备急千金要方》就录有不同药物与葱白配伍形成的葱白汤和葱白豉汤，用于养胎、胎动及数堕胎、痰饮等。

【主要营养功能性成分】

葱中除含有纤维素、蛋白质、可溶性糖、多种维生素、膳食纤维、氨基酸、矿物质等营养成分外，还含有杀菌功效的大蒜素、具有抗氧化功效的谷胱甘肽（陈磊等，2020）、果胶、黄酮类（胡兴鹏，2016）、多糖类（扈瑞平，2010）、酚类物质、酚酸、含氮和含硫化合物（李露等，2021；李肖等，2018；赵怀清等，2000）、甾体皂苷类（赵亚波，2021；Ognyanov et al.，2020）、糖苷等，其中酚类物质、酚酸和有机硫化合物等活性成分对抗炎有显著效果（Bystrická et al.，2013；徐翠翠，2020）。科研人员利用色谱技术分析，葱属植物中的挥发性风味物质主要包括硫醚类、醛类、醇类、酮类、酯类以及杂环类化合物等（刘兵等，2022；田震等，2021；张德莉等，2018）。其中，硫醚类化合物是葱属植物特征风味的重要来源。而醛类化合物，具有较强青草香气，是鲜葱属青草香气味的重要来源，与其他各类不同的香气化合物共同作用形成复杂葱属植物的风味体系（刘兵等，2022）。

【分类及品种推荐】

　　葱具有悠久历史。我国古代葱的品名繁多，古文献明文记载有10余种，包括茖葱、沙葱、冬葱（火葱）、汉葱、大葱、小葱、香葱、胡葱、洋葱等。其中茖葱和沙葱是野生品种。冬葱为驯化栽培品种，而胡葱和洋葱为域外引进品种。生活中常食用的葱（茖葱、沙葱、胡葱、洋葱除外）一般分大葱、小葱、冬葱3类。小葱也称香葱、青葱、葱等；冬葱也称火葱，而入药多用香葱。因葱种类复杂，部分种类至今仍待考证，本书仅选生活中常用几个葱种作介绍。

　　东北大葱　我国著名的大葱品种之一，以其鲜辣爽口，品质优良，适应性强而闻名。

　　农大一号　中国农业大学选育的优质大葱新品种。

金项 河北省农林科学院选育的新品种。具有适应性强、耐贮藏、品质优良等特点。

章丘大梧桐 山东省济南市章丘区地方品种。是我国著名的大葱优良品种，长葱白类型的典型代表品种。目前是我国大葱栽培的主要品种之一，但不抗风，耐贮性较差。

四季小葱 又名细小葱，全年皆可生长。香味浓郁，耐热耐寒、茎细白长。

上海细香葱 上海地方品种。株丛直立，管状，香味浓厚。

楼子葱 极少见的葱种。外观如龙爪，故又名龙爪葱。叶为长圆锥形，中空，葱香味极浓郁。

胡葱 又名蒜头葱，以引入地西域地名"胡"，命名为"胡葱"。由叶鞘和圆锥管状叶片构成，着生于茎盘上，叶较短而柔软、青绿色。鳞茎外皮紫红色、内白色。葱全株可作蔬菜食用，鳞茎可制成调味佐料。

【家庭贮藏方法】

新鲜香葱，味道清新，主要用于凉拌菜和菜品出锅后的调味品，因其含水量高，特别是葱叶，容易腐败变质，以即食即购为主。香葱也可脱水干制。目前主要加工方式包括热风干燥、冷冻干燥、红外干燥、联合干燥等，但脱水香葱风味相比新鲜较差。而新鲜大葱相比小香葱，稍耐贮藏，特别是葱白部（根茎部），但葱叶也容易腐败变质。

以鲜食为主的小香葱主要有室温下贮藏和保鲜袋松扎冰箱冷藏2种方法。具体方法：将小香葱去除腐烂、枯黄叶，于室温下散放，或用保鲜袋或膜松散封装，入冰箱冷藏。注意小香葱不可冻藏，小香葱解冻时，组织被破坏易成糊泥状，失去原有的食用价值。

以炒制、炖制菜和馅食为主的大葱，家庭贮藏方式有室温、冰箱冷藏、冻藏3种方式贮藏。日常购来的大葱，如短期食用，可除去腐败叶，茎腐外皮（留枯干茎外皮），室温下于阴凉处存放。如想贮藏更久，可先将葱叶与葱茎分开，葱茎白去除枯干或腐败外皮后，分别封装放于冰箱冷藏或冻藏。

※安全食用小贴士※

唐孟诜《食疗本草》对葱的药用记载有："虚人患气者，多食发气，上冲人，五藏闭绝，虚人胃"。《本草纲目》引各家论断："弘景曰，葱有寒热，白冷青热，伤寒汤中不得用青也。宗奭曰，葱主发散，多食昏人神。诜曰，葱宜冬食。不可过多，损须发，发人虚气上冲，五脏闭绝，糗开骨节出汗之故也。时珍曰，服地黄、常山人，忌食葱"。中医学认为日常饮食要注意葱的食用量，建议少食则得，可作汤饮。忌多食，恐拔气，致五藏闷绝。患有胃肠道疾病，特别是溃疡病的人不宜多食，易引发旧疾。表虚、多汗者也应忌食大葱。眼疾患者不可过多食用，可能损伤视力。此外，服用一些药物时，也要慎食葱。

茴　香 ————————————————（伞形科茴香属植物）
除臭为菜、治病为方

茴香（*Foeniculum vulgare* Mill.），伞形科茴香属，多年生草本植物。茎直立、光滑、色灰绿或苍白、多分枝，中部或上部的叶柄部分或全部成鞘状、鞘缘膜质，叶片阔三角形、回羽状全裂、末回裂片线形，果实长圆形、主棱5条、尖锐，每棱槽内有油管1个、合生面油管2个，胚乳腹面近平直或微凹。

茴香

茴香种实是常用的调料。有大、小茴香之分，均为常用的调料，是烧鱼炖肉、制作卤制食品时的必用之品。因其能除肉中腥臭气，使之重新添香，故曰"茴香"。大茴香为"八角茴香"，俗称"大料"。小茴香果实是调味品，茎叶为茴香菜，别名香丝菜、谷茴香、土茴香、野茴香等。茴香菜肥厚的珠茎和清脆鲜嫩的叶子，营养丰富，味道清甜可口，具有香苷和黄酮苷组成的独特香味，菜品爽口，常被用作包子、饺子等食品馅料（姚舜宇等，2018；谭兴贵等，2015）。

【中医学理论】

味辛，性温，入肝、肾、膀胱、胃经

茴香，中药材别名蘹香（《药性论》），主要以籽实入药。具温肾暖肝，和胃，行气止痛等功效。主治寒疝腹痛、脘腹冷痛、肾虚腰痛，肋痛、食少泻吐，干、湿脚气等。《千金食治》记载，捣敷，可治瘘。《新修本草》言：治诸瘘、霍乱。《开宝重定本草》言：主膀胱间冷气及盲肠气，调中止痛治呕。《日华子诸家本草》言：治干、湿脚气。《随息居饮食谱》言：杀虫辟秽，去鱼肉腥臊。《中药形性经验鉴别法》言：治慢性气管炎。

【主要营养功能性成分】

茴香菜营养和药用价值均很高，营养成分主要有蛋白质、脂肪、膳食纤维、糖类、胡萝卜素、维生素A、维生素B_1、维生素C、维生素E、烟酸，以及钾、钙、镁、铁、锰、锌、铜、磷等矿质元素（陈燕芹等，2014）。其中，胡萝卜素、钙、铁，维生素B_1、维生素B_2、维生素C、烟酸含量较高。

小茴香菜茎叶中含有花色苷、类黄酮（董远航，2022）、桂皮酸、阿魏酸、咖啡酸、苯甲酸、茴香酸、香荚兰酸、龙胆酸、邻香豆酸、原儿茶酸、丁香酸、芥子酸、延胡索酸、苹果酸、莽草酸、奎宁酸等有机酸（董思敏等，2015）。小茴香药材中含有挥发油、有机酸、甾醇、黄酮、生物碱、维生素、无机元素等（麦迪乃·赛福丁等，2012；古力伯斯坦·艾达尔，2011；冯秀华，1994）功能性成分。小茴香果实中的挥发油含量为3%～6%，主要成分为反式茴香脑50%～60%、小茴香酮

18%～20%。小茴香果实中脂肪油约18%，其中，洋芫荽子酸占60%、油酸22%、亚油酸14%、棕榈酸4%（董思敏等，2015）。此外，果实中还含有甾醇类、生物碱、倍半萜、烯类、萜酮类、单宁、皂苷等功能性成分（王婷等，2015；冯秀华等，1994）。

茴香菜薹与茴香籽实相同，其主要功效成分为茴香油，能刺激胃肠神经血管，促进消化液分泌，增加胃肠蠕动，排出积存气体，具有健胃、行气、缓解痉挛、减轻疼痛等功效（杨宏武等，2013；朱锦容，2013；佘凤华，2010）。另外，王婷等（2015）研究报道，茴香菜具有除口臭、抗菌（苗叶捣烂敷贴治皮肤疮痈）、促进消化、保护血管、促进血液循环、保护心血管等功能。

【选购技巧】

选购茴香菜时注意观察其颜色和气味，以偏黄绿色、闻之有独特的芬芳气味者为佳，若气味较淡可能已不新鲜，不建议购买。新鲜茴香菜贮存时间较短，可包在保鲜膜内放于冰箱冷藏，以尽快食用为宜。

【家庭贮藏方法】

茴香菜干货可以放在干燥处久藏，避免吸湿。新鲜的茴香菜，可以选择以下4种贮藏方式。

水中浸泡　以类似鲜切花放在水中，以保持茴香菜的湿度和新鲜度。

纸巾包装　用纸巾包裹好后，置于保鲜袋或膜封装，尽量抽干空气。

冰箱冷藏　用保鲜袋、膜包装（透气），放于冰箱冷藏，以1～3℃为宜，温度不可过低。

　　冻藏　以沸水焯1～3分钟，取出沥水后，按一顿食量包装，于冰箱中冻藏。

※安全食用小贴士※

　　《本草汇言》曰：倘胃、肾多火，得热即呕，得热即痛，得热即胀诸症，宜斟酌用也。《本草述》曰：若小肠、膀胱并胃腑之症患于热者，投之反增其疾也。因此，中医学认为，茴香菜味偏甘辛，患热病需慎用。茴香属香辛菜类，可刺激肠胃，孕妇及婴幼儿食用需注意。茴香食用易动胃肠之气，多食不利孕妇调养身体。而婴幼儿脾胃发育不健全，也不宜过多食用。茴香菜不宜与寒性食物，如螃蟹、西瓜等过多同食，易引起腹泻、腹痛等肠胃不适。另外，部分对茴香过敏的人群，食用后易出现皮疹、瘙痒等不适症状，慎食。

参 考 文 献

生 菜

陈艳丽, 付亚男, 李绍鹏, 等, 2014. 海南夏季散叶生菜品种栽培比较试验[J]. 北方园艺 (19): 35-37.

郭振龙, 杨肖飞, 周婧, 等, 2017. 北京地区主要生菜品种的耐藏性研究[J]. 食品工业科技, 38 (9): 304-308.

康小燕, 徐洪武, 滕赛, 等, 2021. 奶油生菜水培营养液配方筛选[J]. 浙江农业科学, 62 (8): 1556-1557, 1602.

李哲, 王喜山, 赵国臣, 等, 2014. 生菜的营养价值及高产栽培技术[J]. 吉林蔬菜 (9): 14-15.

谢蒙胶, 韩莹琰, 秦晓晓, 等, 2017. 不同品种叶用莴苣的营养品质与抗氧化活性的研究[J]. 北京农学院学报, 32 (3): 46-51.

袁园, 黄明明, 魏巧云, 等, 2020. 等离子体活化水对鲜切生菜杀菌效能及贮藏品质影响[J]. 食品工业科技, 41 (21): 281-292.

翟广华, 2009. 六种适宜越夏栽培的生菜品种[J]. 农家参谋 (7): 6.

菠 菜

蔡晓锋, 葛晨辉, 王小丽, 等, 2019. 中国菠菜育种技术研究现状及展望[J]. 江苏农业学报, 35 (4): 996-1005.

陈蔚辉, 罗婉芝, 2011. 不同烹饪方法对菠菜营养品质的影响[J]. 食品科技, 36 (12): 80-82.

冯国军, 刘大军, 2018. 菠菜的营养价值与功能评价[J]. 北方园艺 (10): 175-180.

林蒲田, 2011. 超级营养蔬菜: 菠菜[J]. 湖南农业 (5): 19.

王杰, 汪之顼, 王茵, 等, 2007. 菠菜中β-胡萝卜素在人体内转化为维生素 A 的效率[J]. 卫生研究, 36 (4): 449-453.

赵清岩, 王若菁, 石岭, 等, 1994. 菠菜不同品种营养成分的研究[J]. 内蒙古农牧学院学报, 15 (1): 23-26.

Kawazu Y, Okimura M, Ishiit T, et al., 2003. Varietal and seasonal differences in oxalate content of spinach[J]. Scientia horticulturae, 97: 203-210.

油麦菜

陈世田, 2006. 油麦菜新品种板叶香油麦[J]. 农村新技术: 3.

高凯, 张娜, 杨秀茹, 等, 2010. 蓄冷剂在油麦菜保鲜中的应用研究[J]. 保鲜与加工, 10 (3): 30-32.

史丽萍, 应森林, 2019. 实用中医药膳学[M]. 北京: 中国医药科技出版社.

王廷芹, 王丽倩, 刘文茜, 等, 2023. 外源褪黑素对油麦菜的保鲜效果研究[J]. 中国果菜, 43 (4): 1-6, 12.

肖子曾, 2017. 心血管疾病饮食宜忌[M]. 北京: 中国中医药出版社.

佚名, 2007. 油麦菜的营养价值高[J]. 黑龙江粮食 (4): 53.

张鹏, 苏娟, 吴迪, 等, 2023. 不同外包装方式对油麦菜贮藏品质和生理变化的影响[J]. 保鲜与加工, 23 (12): 1-9.

茼 蒿

康健, 陈莉娜, 赵进, 等, 2014. 茼蒿提取液镇咳祛痰作用研究[J]. 时珍国医国药, 25 (1): 8-9.

李春深, 2018. 家庭中医养生一本通[M]. 天津: 天津科学技术出版社.

刘祖春, 2005. 食治佳蔬茼蒿[J]. 家庭中医药 (2): 59.

茹仙古丽·吐尔逊, 2021. 茼蒿对网球运动员身体运动表现研究[J]. 食品安全质量检测学报, 12 (13): 5209-5214.

阮海星, 俞红, 殷忠, 等, 2008. 茼蒿营养成分分析及评价[J]. 微量元素与健康研究, 25 (2): 38-39, 43.

万春鹏, 刘琼, 张新龙, 等, 2014. 药食两用植物茼蒿化学成分及生物活性研究进展[J]. 现代食品科技, 30 (10): 282-288.

跃石, 2011. 菜篮子药店 (之二) [J]. 开卷有益 (求医问药) (5): 34.

张冬冬, 2002. 茼蒿中痕量硒检测的临床意义[J]. 工企医刊, 15 (4): 48.

张金凤, 袁会领, 刘希斌, 等, 2012. 响应面法优化茼蒿中黄酮类物质的提取工艺[J]. 农业机械 (3): 128-131.

Choi J M, Lee E O, Lee H J, et al., 2007. Identification of Campesterol from *Chrysanthemum coronarium* L. and its antiangiogenic activities[J]. Phytotherapy research, 21 (10): 954-959.

Chuda Y, Suzuki M, Nagata T, et al., 1998. Contents and cooking loss of three quinic acid derivatives from garland (*Chrysanthemum coronarium* L.) [J]. Journal of agricultural and food chemistry, 46 (4): 1437-1439.

Lamyaa F, Waled M El-Senousy, Usama W Hawas, 2007. NMR spectral analysis of flavonoids from *Chrysanthemum coronarium*[J]. Chemistry of natural compounds, 43 (6): 659-662.

Lee K D, Yang M S, Ha T J, et al., 2002. Isolation and identification of dihydrochrysanolide and its 1-epimer from *Chrysanthemum coronarium* L. [J]. Bioscience biotechnology and biochemistry, 66 (4): 862-865.

Takenaka M, Nagata T, Yoshida M, 2000. Stability and bioavailability of antioxidants in garland (*Chrysanthemum coronarium* L.) [J]. Bioscience biotechnology and biochemistry, 64 (12): 2689-2691.

Tanaka S, Koizumi S, Masuko K, et al., 2011. Toll-like receptor-dependent IL-12 production by dendritic cells is required for activation of natural killer cell-mediated Type-1 immunity induced by *Chrysanthemum coronarium* L. [J]. International immunopharmacology, 11 (2): 226-232.

空心菜

高志奎, 何俊平, 王会英, 2005. 中国无公害蔬菜的概念及演进 (上篇)

[J]. 农村实用工程技术·绿色食品, 21 (3): 17-21.

巩江, 倪士峰, 赵婷, 等, 2010. 空心菜药用及保健价值研究概况[J]. 安徽农业科学, 38 (21): 11124-11125.

黄德娟, 黄德超, 陈毅峰, 2008. 水雍菜总黄酮含量的测定[J]. 食品科技, 33 (11): 219-221.

李维一, 罗中杰, 罗通, 等, 2002. 雍菜天然食用色素的提取及其理化性质的研究[J]. 宜宾学院学报 (3): 47-49.

刘义满, 魏玉翔, 2020. 水生蔬菜答农民问 (33): 雍菜是一种什么蔬菜? 有哪些类型? [J]. 长江蔬菜 (5): 52-57.

蒲昭和, 2001. 南方奇蔬: 雍菜[J]. 服务科技 (1): 39.

邱喜阳, 马淞江, 史红文, 等, 2008. 重金属在土壤中的形态分布及其在空心菜中的富集研究[J]. 湖南科技大学学报, 23 (2): 125-127.

王绪前, 2015. 厨房里的本草纲目[M]. 北京: 中国医药科技出版社: 184.

杨冲, 2020. 空心菜采后贮藏保鲜技术的研究[D]. 上海: 上海海洋大学.

Huang D J, Chen H J, Lin C D, et al., 2005. Antioxidant and antiproliferative activeties of water spinach (*Ipomoea aquatica* Fousk) constituents[J]. Botanical bulletion of academia sinica, 46: 99-106.

Malalavidhane T S, Wickramasinghe S M D N, Perera M S A, et al., 2003. Oral hypoglycaemic activety of *Ipomoea aquatica* in srteptoztocin-induced diabetic wistar rats and Type Ⅱ diabetics[J]. Phytotherapy research, 17 (9): 1098-1100.

Tofern B, Mann P, Kaloga M, et al., 1999. Aliphatic pyrrolidine amides
from two tropical convolvulaceous species[J]. Phytochemistry, 52 (8):
1437-1441.

芹　菜

常菲菲, 高照亮, 杨志杰, 等, 2023. 不同品种芹菜茎和叶中品质测定
及其聚类分析[J/OL]. 分子植物育种. https: //kns. cnki. net/kcms2/
detail/46. 1068. S. 20230703. 1130. 008. html.

高崇新, 2004. 养生保健汤茶谱[M]. 北京: 中国林业出版社: 270.

郭春景, 2018. 芹菜的营养价值与安全性评价[J]. 吉林农业 (6): 89-90.

黄正明, 杨新波, 曹文斌, 等, 1989. 水芹退黄降酶疗效的实验研究[J].
中国药学杂志, 24 (2): 24-25.

黄正明, 杨新波, 曹文斌, 等, 1990a. 水芹复方注射液抗肝炎的药理研
究[J]. 中成药, 12 (4): 27-28.

黄正明, 杨新波, 曹文斌, 等, 1990b. 水芹提取液预防CCl_4对肝损害的
作用[J]. 中国药学杂志, 25 (6): 373.

黄正明, 杨新波, 曹文斌, 等, 2000. 芹灵冲剂的保肝作用[J]. 中国医院
药学杂志, 20 (1): 5-7, 11.

朗朗, 2017. 芹菜先期抽薹的发生和预防方法[J]. 长江蔬菜 (1): 1.

刘剑钊, 2017. 芹菜贮藏保鲜技术[J]. 现代农业 (6): 42.

沈铭高, 金阳, 李薇雅, 2008. 芹菜的化学成分及其药理作用[J]. 安徽
农业科学, 36 (4): 1474-1475, 1489.

王克勤, 陈亮, 2006. 芹菜资源及其保健功能的研究进展[J]. 湖南农业

科学 (3): 131-133, 136.

肖万里, 杨文霞, 郎德山, 等, 2012. 韭菜芹菜高效栽培技术[M]. 济南: 山东科学技术出版社: 70-90.

徐晔春, 臧德奎, 2015. 中国景观植物应用大全 (草本卷) [M]. 北京: 中国林业出版社: 219.

严仲铠, 2018. 中华食疗本草[M]. 北京: 中国中医药出版社.

苋　菜

秘雪, 2019. 苋菜粗提物对食源性致病菌的抑菌作用及熟肉品质的影响[D]. 哈尔滨: 东北农业大学.

谭静文, 刘伟, 杨永茂, 等, 2014. 苋菜引起的植物: 日光性皮炎一例[J]. 实用皮肤病学杂志, 7 (1): 71-73.

夏从龙, 钱金栿, 2016. 大理苍山植物药物志[M]. 昆明: 云南科技出版社: 249.

于淑玲, 2010. 药食保健野菜: 苋菜的开发利用[J]. 资源开发与市场, 26 (2): 141-142.

张志焱, 1996. 长寿之菜: 苋菜[J]. 中国土特产 (4): 25.

Azhar-ur-Haq A, Malik A, Afza N, et al., 2006. Coumaroyl adenosine (II) and lignan glycoside (I) from *Amaranthus spinosus* L.[J]. Cheminform, 37 (23): 23-34.

Bagepalli S A K, Kuruba L, Jayaveera K N, 2011. Comparative antipyretic activity of methanolic extracts of some species of Amaranthus[J]. Asian Pacific Journal of Tropical Biomedicine, 1 (1):

47-50.

Kalinova J, Dadakova E, 2009. Rutin and total quercetin content in amaranth (*Amaranthus* spp.) [J]. Plant foods For human nutrition, 64: 68-74.

Kraujalis P, Venskutonis P R, Kraujalienè V, et al., 2013. Antioxidant properties and preliminary evaluation of phytochemical composition of different anatomical parts of amaranth[J]. Plant foods for human nutrition, 68 (3): 322-328.

Lina A R, Manuel S G, 2007. Isolation and biochemical characterization of an antifungal peptide from Amaranthus hypochondriacus seeds[J]. Journal of agricultural and food chemistry, 25: 10156-10161.

Nana F W, Adama H, Millogo J F, et al., 2012. Phytochemical composition, antioxidant and xanthine oxidase inhibitory activities of *Amaranthus cruentus* L. and *Amaranthus hybridus* L. extracts[J]. Pharmaceuticals (Basel) , 5 (6): 613-628.

Sharma N, Gupta P C, Rao C V, et al., 2012. Nutrient content, mineral content and antioxidant activity of *Amaranthus viridis* and *Moringa oleifera* leave[J]. Research Journal of medicinal plant, 6 (3): 253-259.

Stintzing F C, Kammerer D, Schieber A, et al., 2004. Betacyanins and phenolic compounds from *Amaranthus spinosus* L. and *Boerhavia erecta* L.[J]. Zeitschrift fur naturforschung C-a journal of biosciences, 59 (1-2): 1-8.

Vecchi B, Anon M C, 2009. ACE inhibitory tetrapeptides from

Amaranthus hypochondriacus 11S globulin[J]. Phytochem, 70 (7): 864-870.

荠 菜

黄雪梅, 蔡军, 张海洋, 2005. 荠菜的生物学特征及其开发利用[J]. 辽宁中医学院学报 (5): 425-426.

霍蓓, 李刚凤, 高健强, 等, 2017. 梵净山荠菜、鸭儿芹营养成分分析[J]. 安徽农学通报, 25 (14): 139-141.

姜永平, 宋益民, 袁春新, 2014. 荠菜烫漂工艺的研究[J]. 中国农学通报, 30 (30): 101-105.

李建军, 李英强, 丁世民, 2012. 中国北方常见杂草及外来杂草鉴定识别图谱[M]. 青岛: 中国海洋大学出版社.

李泽鸿, 姚玉霞, 2000. 荠菜的营养成分分析[J]. 中国野生植物资源 (4): 41.

马冠生, 2020. 春在溪头荠菜花: 荠菜有什么营养? [J]. 健康之家 (4): 31.

潘明, 王世宽, 刘慧杰, 等, 2009. 超声波强化提取荠菜中有机酸的研究[J]. 时珍国医国药, 20 (2): 313-314.

宋照军, 王风雷, 赵功玲, 等, 2020. 荠菜种子的营养价值与抗氧化性能[J]. 食品与机械, 36 (6): 71-74.

孙灵湘, 杨代凤, 刘腾飞, 等, 2017. 荠菜贮藏特性及贮藏技术研究进展[J]. 江苏农业科学, 45 (20): 32-34, 42.

王张应, 2019. 草色遥看[M]. 郑州: 河南大学出版社.

位思清, 2003. 荠菜的开发与利用[J]. 江西食品工业 (1): 19-21.

邢淑婕, 刘开华, 2004. 蔬菜速冻工艺研究进展[J]. 长江蔬菜 (1): 37-41.

徐伟, 2007. 国产荠菜的化学成分研究[D]. 沈阳: 沈阳药科大学: 5.

尹德辉, 杨援朝, 郭教礼, 2017. 中医饮食养生[M]. 海口: 海南出版社.

张辉, 2003. 荠菜栽培技术[J]. 现代化农业 (5): 17-18.

张立秋, 尹淑霞, 2011. 我国典型城市生活垃圾卫生填埋场生态修复优势植物图册[M]. 北京: 中国环境科学出版社.

张律, 朱成, 2018. 龙游乡味[M]. 合肥: 合肥工业大学出版社.

张艳芬, 2007. 低温贮藏期间荠菜品质和生理特性变化研究[D]. 南京: 南京农业大学.

张艳芬, 姜丽, 蒋娟, 等, 2010. 包装方式对冷藏荠菜的保鲜效果[J]. 江苏农业学报, 26 (5): 1118-1120.

Joubert E, Wium G L, Sadie A, 2001. Effect of temperature and fruit-moisture content on discolouration of dried, sulphured Bon Chretien pears during storage[J]. International journal of food science and technology, 36 (1): 99-105.

乌塌菜

郝铭鉴, 孙欢, 2014. 中华探名典[M]. 上海: 上海锦绣文章出版社: 204.

李正应, 1993. 稀有蔬菜栽培技术[M]. 2版. 北京: 科学技术出版社: 57-59.

舒英杰, 周玉丽, 2005. 我国的乌塌菜研究[J]. 安徽技术师范学院学报, 19 (1): 15-18.

宋波, 徐海, 陈龙正, 等, 2013. 我国乌塌菜研究进展[J]. 中国蔬菜 (14): 9-16.

孙忠坤, 贾东兴, 王亚平, 等, 2005. 乌塌菜营养价值及栽培技术[J]. 现代化农业 (5): 17.

张欣, 孟庆华, 李学云, 等, 2006. 乌塌菜速冻工艺研究[J]. 冷饮与速冻食品工业, 12 (1): 18-20.

章泳, 2006. 乌塌菜[J]. 蔬菜 (8): 9-10.

小白菜

李方远, 2015. 9种常见蔬菜的营养成分及名称的演变[J]. 安徽农业科学, 43 (15): 252-253.

宋廷宇, 侯喜林, 何启伟, 等, 2007. 薹菜、大白菜与白菜营养成分评价[J]. 山东农业科学, 39 (5): 21-22.

王烨, 2015. 中国古代园艺[M]. 北京: 中国商业出版社.

周敏, 程有普, 张莹, 等, 2021. 四种铜制剂对小白菜抗氧化酶活性的影响[J]. 北方园艺 (8): 37-41.

大白菜

贾婷, 2016. 大白菜有黑点能吃吗[J]. 农村新技术, 12: 57.

焦娟, 刘中良, 姜飞, 等, 2020. 国家地理标志保护产品: 泰安黄芽白菜[J]. 长江蔬菜 (12): 47-49.

李方远, 2015. 9种常见蔬菜的营养成分及名称的演变[J]. 安徽农业科学, 43 (15): 252-253.

李娟, 朱祝军, 2005. 植物中硫代葡萄糖苷生物代谢的分子机制[J]. 细胞生物学杂志, 27: 519-524.

汤红芳, 2021. 娃娃菜与白菜: 同科同用的"好闺蜜"[J]. 中国健康养生, 7 (7): 28-29.

王秀英, 赵军良, 李改珍, 等, 2020. 大白菜贮藏保鲜技术[J]. 农村新技术 (10): 62-64.

张德双, 徐家炳, 张凤兰, 2004. 不同球色大白菜主要营养成分分析[J]. 中国蔬菜 (3): 37.

甘　蓝

陈藏器, 尚志韵, 2004. 《本草拾遗》辑释[M]. 合肥: 安徽科学技术出版社.

陈锦秀, 薄天岳, 邰翔, 等, 2015. 抱子甘蓝生产及采收技术规范[J]. 上海蔬菜 (4): 32-33.

崔小伟, 刘保才, 李世民, 等, 2011. 城镇家庭小菜园[M]. 郑州: 中原农民出版社.

丁琳, 郑丽敏, 常亮, 等. 羽衣甘蓝的营养价值与加工研究进展分析[J]. 现代食品, 29 (18): 50-52.

杭园园, 梁颖, 李艺, 等, 2019. 部分紫色蔬菜中酚类物质及维生素C含量分析[J]. 食品工业科技, 40 (4): 16-20, 26.

何娜, 叶晓枫, 李丽倩, 等, 2013. 不同胁迫处理方法对结球甘蓝

GABA含量的影响[J]. 南京农业大学学报, 36 (6): 111-116.

蒋振辉, 顾振新, 2003. 高等植物体内γ-氨基丁酸合成、代谢及其生理作用[J]. 植物生理学通讯, 39 (3): 249-254.

李建秀, 周凤琴, 张照荣, 2013. 山东药用植物志[M]. 西安: 西安交通大学出版社.

刘琴, 陈磊, 2018. 抱子甘蓝高产栽培[J]. 云南农业, 7: 80.

时霄霄, 2015. 中药志[M]. 北京: 中医古籍出版社.

王丹, 鲁榕榕, 马越, 等, 2020. 切分方式对鲜切紫甘蓝营养品质和挥发性风味物质的影响[J]. 食品科学技术学报, 38 (4): 27-36, 62.

王艺蓉, 叶立华, 杨国志, 等, 2022. 嘉兴地区羽衣甘蓝品种比较试验[J]. 上海蔬菜 (4): 9-10, 14.

谢伟平, 陈胜文, 王佛娇, 等, 2009. 新型蔬菜羽衣甘蓝种子发芽及生长特性和营养价值[J]. 长江蔬菜 (12): 47-49.

叶剑秋, 2015. 花卉规范名称图鉴一二年生花卉[M]. 北京: 中国林业出版社.

邹琼, 2019. 紫甘蓝微冻贮藏特性及工艺的研究[D]. 长沙: 湖南农业大学.

花椰菜

陈敏氡, 王彬, 李永平, 等, 2022. 六个品种花椰菜花球的营养成分分析与评价[J]. 热带亚热带植物学报, 30 (3): 349-356.

邓雪盈, 2017. 花椰菜叶片成分分析与加工利用[D]. 长沙: 湖南农业大学.

丁云花, 何洪巨, 赵学志, 等, 2016. 不同类型花椰菜主要营养品质分析[J]. 中国蔬菜 (4): 58-63.

黄少虹, 赵彦鹏, 2015. 北京地区春季观光采摘型花椰菜品种比较试验[J]. 种子世界 (3): 23-25.

李占省, 2012. 青花菜中莱菔硫烷含量遗传分析、QTL定位及相关基因研究[D]. 北京: 中国农业科学院.

马蓉, 梁颖, 王树林, 等, 2020. 花椰菜不同品种类型间营养成分差异及烹饪对其含量的影响[J]. 食品工业科技, 41 (7): 7-12.

孟秋峰, 王洁, 高天一, 等, 2020. 花椰菜营养价值及其产业简况与发展趋势[J]. 宁波农业科技 (2): 24-25, 29.

司春杨, 于卓, 2008. 花椰菜营养价值谈[J]. 中国果菜 (3): 56.

孙勃, 许映君, 徐铁锋, 等, 2010. 青花菜不同器官生物活性物质和营养成分的研究[J]. 园艺学报, 37 (1): 59-64.

徐玉红, 2018. 花椰菜的营养价值及保健作用[J]. 食品界 (4): 94-95.

Lin C H, Chang C Y, 2005. Textural change and antioxidant properties of broccoli under different cooking treatments[J]. Food chemistry, 90 (1): 9-15.

芥　菜

陈材林, 周光凡, 杨以耕, 等, 1990. 中国芥菜分布的研究[J]. 西南农业学报, 1: 17-21.

陈艳, 蒋依琳, 唐玉娟, 等, 2019. 大叶芥菜发酵过程中挥发性成分变化研究[J]. 食品科技, 44 (11): 90-96.

邓英, 宋明, 吴康云, 等, 2010. 不同叶用芥菜品种营养成分分析[J]. 中国蔬菜 (2): 42-45.

郭凡剑, 2011. 食疗保健200典[M]. 西安: 三秦出版社.

金伟林, 2014. 芥菜的营养价值及高产高效栽培技术[J]. 蔬菜 (6): 40-41.

李春深, 2018. 中草药识别与应用[M]. 天津: 天津科学技术出版社.

李娟, 朱祝军, 王萍, 2006. 氮硫对腌制叶用芥菜营养品质的影响[J]. 核农学报, 20 (2): 135-139.

李占省, 刘玉梅, 方智远, 等, 2016. 芥蓝花薹中莱菔硫烷含量的HPLC分析[J]. 中国蔬菜 (4): 53-57.

刘琳, 李珊珊, 袁仁文, 等, 2018. 芥菜主要化学成分及生物活性研究进展[J]. 北方园艺 (15): 180-185.

南远顺, 2016. 防癌抗癌饮食宜忌全真图解 (大字大图版) [M]. 广州: 广东科技出版社.

钟秀媚, 2003. 买花: 完全实用手册100种常见花叶选购与应用[M]. 杭州: 浙江科学技术出版社.

周俭, 2012. 中医营养学 [M]. 北京: 中国中医药出版社.

朱为民, 2016. 菜香百事[M]. 上海: 上海科学技术出版社.

朱文斌, 2022. 华南地区芥菜栽培技术及发展展望[J]. 长江蔬菜 (4): 40-43.

Annabi B, RojasSutterlin S, Laroche M, et al., 2008. The diet-derived sulforaphane inhibits matrix metalloproteinase-9-activated human brain microvascular endothelial cell migration and tubulogenesis[J].

Molecular nutrition food research, 52 (6): 692-700.

Conaway C C, Wang C X, Pittman B, et al., 2005. Phenethyl isothiocyanate and sulforaphane and their N-acetylcysteine conjugates inhibit malignant progression of lung adenomas induced by tobacco carcinogens in A/J mice[J]. Cancer research, 65 (18): 8548-8557.

Evans P C, 2011. The influence of sulforaphane on vascular health and its relevance to nutritional approaches to prevent cardiovascular disease[J]. EPMA Journal, 2: 9-14.

Hu R, Xu C, Shen G, et al., 2006. Gene expression profiles induced by cancer chemopreventive isothiocyanate sulforaphane in the liver of C57BL/6J mice and C57BL/6J/Nrf2 (-/-) mice[J]. Cancer letter, 243 (2): 170-192.

Kaminski B M, Loitsch S M, Ochs M J, et al., 2010. Isothiocyanate sulforaphane inhibits protooncogenic ornithine decarboxylase activity in colorectal cancer cells via induction of the TGF-β/Smad signaling pathway[J]. Molecular nutrition food research, 54 (10): 1486-1496.

韭 菜

陈震, 王丽雪, 高俊杰, 等, 2022. 氮素形态配比对基质栽培韭菜产量、品质及矿质元素含量的影响[J]. 江苏农业科学, 50 (2): 97-102.

高长玉, 常惟智, 2011.《药性歌括四百味》详注[M]. 北京: 人民军医出版社.

洪军, 张开放, 李倩, 等, 2021. 韭菜叶绿素的提取、稳定性及微胶囊制备的研究[J]. 中国食品添加剂, 32 (9): 66-72.

贾丽娥, 马越, 王丹, 等, 2020. 鲜切韭菜碎的品质变化研究[J]. 北方园艺 (21): 89-96.

黎跃成, 赵军宁, 2021. 四川药用植物原色图谱下[M]. 成都: 四川科学技术出版社.

连瑛, 沈群超, 齐琳, 等, 2017. 宁波市绿色食品韭菜分析与发展思路探讨[J]. 中国农业信息 (16): 26-29.

茹桦, 王宇欣, 封玲, 等, 2022. 韭菜籽中功效生物活性成分分析[J]. 食品研究与开发, 43 (5): 58-63.

武丽梅, 2011. 韭菜籽有效成分的提取及其抗氧化活性分析[D]. 上海: 华东理工大学.

徐佳宁, 郭守鹏, 董贝, 等, 2020. 不同韭菜品种营养品质和产量的比较分析[J]. 山东农业科学, 52 (9): 58-61.

张烨达, 佟静, 武占会, 等, 2023. 氮硫互作对水培韭菜生长、营养及风味品质的影响[J]. 中国瓜菜, 36 (5): 96-103.

郑秋丽, 王清, 高丽朴, 等, 2018. 蔬菜保鲜包装技术的研究进展[J]. 食品科学, 39 (3): 317-323.

李莎莉, 吴琦, 徐帅, 等, 2018. 韭菜生物活性及其药食资源开发进展[J]. 食品研究与开发, 39 (9): 197-202.

Hanif M, 2022. 韭菜风味物质组成的品种比较与时空分布规律研究[D]. 兰州: 甘肃农业大学.

徐晔, 张晓臣, 潘金梦, 等, 2022. 不同保鲜措施对韭菜贮藏效果的影响[J]. 中国果菜, 42 (6): 6-12.

Huang X, Zhu J X, Wang L, et al., 2020. Inhibitory mechanisms and interaction of tangeretin, 5-demethyltangeretin, nobiletin, and 5-demethylnobiletin from citrus peels on pancreatic lipase: Kinetics, spectroscopies, and molecular dynamics simulation[J]. International journal of biological macromolecules, 164: 1927-1938.

香　菜

董高春, 崔广波, 2020. 香菜秋季大田高产栽培技术[J]. 现代农业科技 (8): 56-57.

豆子, 2010. 香菜的功效与作用[J]. 安全与健康 (5): 51.

黄芝蓉, 2000. 家常食物药用大全[M]. 北京: 中国中医药出版社.

李贵军, 杨位勇, 汪帆, 2012. 保山水香菜挥发油化学成分的GC-MS 分析[J]. 中国调味品, 37 (5): 100-101.

李健, 2012. 香菜的家庭储藏[J]. 农家致富 (18): 45.

李美萍, 李蓉, 丁鹏霞, 等, 2019. HS-SPME条件优化并结合GC-MS分 析新鲜及不同干燥方式香菜的挥发性成分[J]. 食品工业科技, 40 (7): 228-236, 247.

刘恒蔚, 潘玉欣, 谈知文, 2011. 香菜黄酮的乙醇回流与超声波辅助提 取工艺对比研究[J]. 湖北农业科学, 50 (1): 142-145.

刘艳红, 张莲莲, 陈云, 等, 2021. 香菜的有效成分提取、功能及应用 研究进展[J]. 中国调味品, 46 (5): 179-184.

隋华嵩, 邹悦, 周文忠, 等, 2016. 泰国芫荽与云南芫荽不同器官中挥 发性成分分析[J]. 食品研究与开发, 37 (3): 161-165.

陶崇华, 2015. 食物是好的药 (超值全彩白金版) [M]. 北京: 中医古籍出版社.

王月囡, 佟明光, 2016. 超声波法提取香菜中黄酮的最佳工艺条件[J]. 鞍山师范学院学报, 18 (2): 57-60.

邢志霞, 2015. 微波辅助消解ICP-MS测定香菜根、茎、叶中 8 种微量元素[J]. 中国调味品, 40 (5): 97-99.

姚欢远, 2017. 舌尖上的丁香 (中国的外来植物香料) [M]. 上海: 上海文化出版社.

余婷, 陈鹏飞, 闵腾辉, 等, 2021. 不同基质配比对盆栽香菜生长及品质的影响[J]. 农业工程, 11 (1): 112-118.

Bhuiyan M N I, Begum J, Sultana M, 2009. Chemical composition of leaf and seed essential oil of *Coriandrum sativum* L. from Bangladesh[J]. Bangladesh journal of pharmacology, 4 (2): 150-153.

葱

陈磊, 刘玉英, 向华丰, 等, 2020. 重庆市香葱产业发展现状问题及对策[J]. 南方农业, 14 (19): 63-64, 70.

胡佳虎, 2023. 中国葱的历史源流及其文化研究[D]. 阿拉尔: 塔里木大学.

胡兴鹏, 2016. 山葱中黄酮化学成分及蒜氨酸热分解的研究[D]. 广州: 暨南大学.

扈瑞平, 2010. 沙葱多糖的分离、纯化和结构鉴定及其生物学活性的研究[D]. 呼和浩特: 内蒙古农业大学.

李露, 周评平, 董玲, 等, 2021. 姜葱蒜中生物活性物质及加工产品研究进展[J]. 四川农业科技 (6): 63-65.

李肖, 周天天, 郑吴殷晓, 等, 2018. 大葱挥发油的提取工艺、GC-MS分析及抗菌活性研究[J]. 天然产物研究与开发, 30 (11): 1863-1869, 1897.

刘兵, 常远, 王瑞芳, 等, 2022. 葱属植物中挥发性风味物质研究进展[J]. 食品科学, 43 (3): 249-253.

田震, 徐亚元, 李大婧, 等, 2021. 基于SPME-GC-MS分析不同干燥方式对香葱挥发性成分的影响[J]. 食品工业科技, 42 (4): 232-244.

徐翠翠, 朱云峰, 金少瑾, 2020. 葱属植物功能性成分免疫调节作用研究进展[J]. 食品科学, 41 (9): 332-337.

张德莉, 田洪磊, 詹萍, 等, 2018. 基于HS-SPME-GC-MS技术的香葱油挥发性成分解析[J]. 食品研究与开发, 39 (17): 111-116.

张正雄, 董渝生, 2021. 重庆小面全典[M]. 重庆: 重庆出版社.

赵怀清, 王学娅, 难波恒雄, 2000. 茖葱中含硫化合物对培养心肌细胞的作用[J]. 药学学报, 35 (1): 4-6.

赵亚波, 张艳梅, 白晨, 等, 2021. 葱属植物提取物对动物的抗炎作用及其机理[J]. 饲料工业, 42 (17): 37-42.

Bystrická J, Musilová J, Vollmannová A, et al., 2013. Bioactive components of onion (*Allium cepa* L.): a review[J]. Acta alimentaria, 42 (1): 11-22.

Ognyanov M, Remoroza C A, Schols H A, et al., 2020. Structural, rheological and functional properties of galactose-rich pectic polysaccharide fraction from leek[J]. Carbohydrate polymers, 229: 1-11.

茴　香

陈燕芹, 刘红, 2014. 微波辅助消解ICP-AES法测定小茴香中20种元素[J]. 化学研究与应用, 26 (1): 149-152.

董思敏, 张晶, 2015. 小茴香化学成分及药理活性研究进展[J]. 中国调味品, 40 (4): 121-124.

董远航, 2022. 茴香叶花色苷生物合成与香气物质积累的分子调控机理[D]. 郑州: 郑州大学.

冯秀华, 常英杰, 李蜀眉, 1994. 小茴香果实营养价值的研究[J]. 内蒙古农牧学院学报, 15 (2): 4.

古力伯斯坦·艾达尔, 2011. 高效液相色谱法测定小茴香中总生物碱的含量[J]. 中国酿造 (1): 166-167.

麦迪乃·赛福丁, 美丽万·阿布都热依木, 2012. 维药小茴香根皮化学成分初步研究[J]. 海峡药学, 24 (2): 38-40.

佘凤华, 2010. 小茴香治疗剖宫产术后腹胀的疗效观察[J]. 现代临床医学, 36 (4): 303.

谭兴贵, 廖泉清, 2015. 好药材就在菜市场 蔬菜、水果、干果、花、食用菌篇[M]. 长沙: 湖南科学技术出版社.

王婷, 苗明三, 苗艳艳, 2015. 小茴香的化学、药理及临床应用[J]. 中医学报, 30 (6): 856-858.

杨宏武, 李亮, 唐晓勇, 2013. 茴香枳术汤对实验性大鼠粘连性肠梗阻组织NO, DAO的影响[J]. 西部中医药, 26 (3): 28-30.

姚舜宇, 孙艺玮, 2018. 千金食治方[M]. 合肥: 安徽科学技术出版社: 140-141.

朱锦容, 2013. 小茴香联合足浴对剖宫产术后胃肠功能恢复的疗效观察[J]. 中国现代药物应用, 7 (1): 50-51.